# Fluchtentafeln
## für feuchte Luft

Von

Dr.-Ing. Herbert Jahnke

Mit 21 Abbildungen im Text und 7 Tafeln

Berlin
Verlag von Julius Springer
1937

Alle Rechte, insbesondere das der Übersetzung
in fremde Sprachen, vorbehalten.

ISBN-13: 978-3-540-01246-7         e-ISBN-13: 978-3-642-92512-2
DOI: 10.1007/978-3-642-92512-2

Copyright 1937 by Julius Springer in Berlin.

Als Dissertation von der Technischen Hochschule Berlin genehmigt am 26. 6. 1936.

# Inhaltsverzeichnis.

|   | Seite |
|---|---|
| A. Die Mollier-$i$-$x$-Tafeln | 1 |
| B. Physikalische Grundlagen | 1 |
|    1. Die Zustandsgleichungen für Luft und Wasserdampf | 1 |
|    2. Die Stoffwerte für Luft und Wasserdampf | 2 |
|    3. Die Hauptgleichungen feuchter Luft | 4 |
| C. Die Fluchtentafeln | 7 |
|    1. Die Bedingungen für die Darstellbarkeit von Gleichungen in Fluchtentafeln | 7 |
|    2. Fluchtentafeln mit logarithmischen Leitern | 8 |
|    3. Fluchtentafeln mit numerischen Leitern | 9 |
| D. Entwurf der Fluchtentafeln | 9 |
|    1. Die $i$-$t$-Tafel | 9 |
|    2. Die $i$-$x$-Tafel | 9 |
|    3. Die $\varphi$-Tafel | 13 |
|    4. Die $\psi$-Tafel | 15 |
|    5. Die $\gamma$-Tafel | 15 |
| E. Die Bedeutung der Fluchtentafeln und ihre Benutzung | 17 |
|    1. Die verschiedenen Zustandsänderungen | 17 |
|    2. Mischen zweier Luftmengen verschiedenen Zustandes | 17 |
|    3. Erwärmung und Abkühlung ohne Kondensationserscheinungen | 18 |
|    4. Durch Strahlung bewirkte Abkühlung unterhalb des Taupunktes | 20 |
|    5. Durch Kühlflächen bewirkte Abkühlung | 20 |
|       a) Die Kühlflächentemperatur liegt unterhalb der Taupunktstemperatur | 20 |
|       b) Die Kühlflächentemperatur ist gleich der Taupunktstemperatur | 21 |
|       c) Die Kühlflächentemperatur liegt höher als die Taupunktstemperatur | 21 |
|    6. Befeuchtung der Luft durch Beimischen von Wasserdampf, Wasser, Schnee oder Eis | 21 |
|    7. Zustandsänderungen bei gleichbleibendem Volumen, spezifischem Volumen bzw. spezifischem Gewicht | 24 |
|    8. Verdunstungs- und Trocknungsvorgänge | 26 |
|    9. Zustandsänderungen durch Adsorptionsmittel | 29 |
|   10. Das Nebelgebiet | 29 |
|   11. Hilfskonstruktion bei fehlender $D$-Linie | 30 |
| F. Vergleich mit den gebräuchlichen Netztafeln und Benutzung der Fluchtentafeln neben diesen | 31 |
| G. Fluchtentafeln für allgemeine Fälle | 31 |
| H. Zusammenfassung | 31 |

# A. Die Mollier-$i$-$x$-Tafeln.

Prof. Mollier hat eine $i$-$x$-Tafel für feuchte Luft angegeben [*18, 8, 19*][1], in der sich eine große Reihe von Zustandsänderungen feuchter Luft sehr einfach verfolgen läßt. Diese Tafel ist deshalb so übersichtlich, weil sie auch dann einfache Rechnungen ermöglicht, wenn bei einer Zustandsänderung der feuchten Luft beispielsweise eine Wasserausscheidung oder eine Wasserdampfaufnahme erfolgt.

Alle Angaben über Temperatur, Wasserdampfgehalt, Wärmeinhalt, Kühlgrenze, Taupunkt u. ä. lassen sich aus der Mollier-$i$-$x$-Tafel entnehmen. Sie gibt dagegen keinen Aufschluß über das Volumen des Wasserdampf-Luftgemisches, über das spezifische Volumen und das spezifische Gewicht. Diese Größen werden bei vielen Rechnungen gebraucht, so daß ihre Ermittlung stets rechnerisch zu erfolgen hat. Dies ist aber ziemlich umständlich. Es wäre zwar an sich denkbar, in die Mollier-$i$-$x$-Tafel auch Linien gleichen Rauminhalts bzw. Linien gleichen spezifischen Volumens und Gewichts einzutragen, diese würden aber die Tafel so unübersichtlich machen, daß ein zweckmäßiges Arbeiten in Frage gestellt wäre. Eine Ergänzung der Tafel in dieser Richtung erscheint daher wünschenswert.

Bei den nach dem Mollierschen Vorschlage entworfenen $i$-$x$-Tafeln sind grundsätzlich drei Ausführungsformen zu unterscheiden. Die beiden ersten Gruppen, die diesem Vorschlage vollkommen entsprechen, gelten lediglich für einen Gesamtdruck. Bei der ersten Gruppe ist hierfür der Druck $h = 735{,}5$ mm QS gewählt [*18, 8, 19, 3, 4*], bei der zweiten Gruppe $h = 760$ mm QS [*1, 7*]. Vorteilhaft ist bei diesen beiden Arten, daß sich in die Tafeln Linien gleicher relativer Feuchtigkeit einzeichnen lassen, so daß die Ermittlung dieser Zustandsgröße sehr einfach wird. Nachteilig ist aber, daß die Abweichung des tatsächlich vorhandenen Luftdrucks von dem Wert $h = 735{,}5$ mm QS bzw. 760 mm QS stets vernachlässigt werden muß, wodurch ein wenn auch kleiner Fehler in die Rechnung hineinkommt.

Die dritte Gruppe von Tafeln [*2*] verzichtet auf das Einzeichnen der Linien gleicher relativer Feuchtigkeit, gibt aber dafür die Sättigungslinien für 600, 640, 680, 720, 760 und 800 mm QS an, so daß auch Abweichungen im Luftdruck berücksichtigt werden können. Mißlich ist bei dieser Art Tafeln die Ermittlung der relativen Feuchtigkeit. Hierzu müssen stets zwei unterhalb der Dampfdrucklinien liegende Strecken abgegriffen und ihre Zahlenwerte durcheinander dividiert werden. In jedem Falle ist also eine Zahlenrechnung erforderlich, wenn nicht Zeichenhilfsmittel benutzt werden, die aber bisher noch nicht veröffentlicht worden sind.

Es ist also anzustreben, außer den schon oben genannten Tafeln zur Ermittlung des Volumens, des spezifischen Volumens und des spezifischen Gewichts noch weitere Tafeln zu entwerfen, die in dem in Frage kommenden Druckbereich für jeden beliebigen Druck die Rechnung ohne Vernachlässigung ermöglichen und gleichzeitig eine einfache Ermittlung der relativen Feuchtigkeit gestatten.

Diese Ziele sind zu erreichen, wenn die in Frage kommenden Gleichungen nicht in Netztafeln, sondern in Fluchtentafeln dargestellt werden. Es soll daher im folgenden der Entwurf solcher Fluchtentafeln für feuchte Luft erörtert werden.

# B. Physikalische Grundlagen.

## 1. Die Zustandsgleichungen für Luft und Wasserdampf.

Feuchte, atmosphärische Luft ist ein Wasserdampf-Luftgemisch, auf das im Regelfalle das Daltonsche Gesetz anwendbar ist.

$$p = p_1 + p_2 + p_3 + \cdots \qquad (1)$$

Der Druck in der Mischung ($p$) ist gleich der Summe der Teildrücke der einzelnen Bestandteile ($p_1$, $p_2$, $p_3$ usw.).

---

[1] Die in eckigen Klammern [ ] stehenden, schräg gedruckten Zahlen weisen auf das Literaturverzeichnis am Schluß des Buches hin.

Das Daltonsche Gesetz gilt genau stets dann, wenn in der Mischung nur vollkommene Gase vorhanden sind. Als vollkommenes Gas kann aber nicht nur die Luft (Reinluft) angesehen werden, sondern bei geringen Drücken, wie sie in den Dampf-Luftgemischen (feuchter Luft) normalerweise vorhanden sind, auch der Wasserdampf, wie weiter unten noch nachzuweisen sein wird. Würde der Teildruck des Wasserdampfes allerdings 1 at und mehr betragen, so könnte diese Annahme nicht mehr gemacht werden.

Wenn also der Wasserdampf geringen Druckes mit ausreichender Genauigkeit als vollkommenes Gas angesehen werden kann, so gilt für ihn die Zustandsgleichung der Gase

$$P \cdot v = R \cdot T \quad \text{und} \quad P \cdot V = G \cdot R \cdot T. \tag{2}$$

$P$ = Druck des Gases in kg/m²,     $G$ = Gewicht des Gases in kg,
$v$ = spezifisches Volumen m³/kg,     $R$ = Gaskonstante,
$V$ = Volumen des Gases in m³,     $T$ = absolute Temperatur in ° K.

Ferner ist dann die Energie und der Wärmeinhalt nur eine Funktion der Temperatur, also unabhängig vom Druck.

Im folgenden soll, wie allgemein üblich, stets eine solche Menge des Dampf-Luftgemisches betrachtet werden, die 1 kg Reinluft enthält. Diese Festsetzung ist deshalb vorteilhaft, weil bei Zustandsänderungen die Menge der Reinluft meist unverändert bleibt, hingegen der Wasserdampfgehalt durch Verflüssigung oder Verdunstung in erheblichen Grenzen verkleinert oder vergrößert werden kann. Das Dampfgewicht, das in einer Gemischmenge enthalten ist, deren Reinluftanteil 1 kg beträgt, sei mit $x$ (kg/kg) bezeichnet. Dann ist das Gesamtgewicht des Wasserdampf-Luftgemisches, das 1 kg Reinluft enthält,

$$G = 1 + x \text{ kg}. \tag{3}$$

Der Wärmeinhalt dieser Gemischmenge sei mit $i$ bezeichnet; er ist

$$i = i_L + x \cdot i_W, \tag{4}$$

wenn mit $i_L$ der Wärmeinhalt von 1 kg Reinluft, mit $i_W$ der Wärmeinhalt von 1 kg Wasserdampf bezeichnet wird. Der Zeiger $L$ kennzeichne im folgenden stets die Zugehörigkeit zur Reinluft, der Zeiger $W$ die zum Wasserdampf. Die Größe $i$ stellt also den Wärmeinhalt eines Wasserdampf-Luftgemisches dar, dessen Reinluftanteil 1 kg wiegt; sie wird in kcal bezogen auf 1 kg Reinluft (kcal/kg) gemessen.

Wenn mit $c_p$ die spezifische Wärme, mit $t$ die in °C gemessene Temperatur und mit $i$ der Wärmeinhalt bezeichnet wird, gilt für vollkommene Gase

$$di = c_p dt, \tag{5}$$

$$i = \int_0^t c_p \, dt = c_{p_m} \cdot t + F. \tag{6}$$

Für die Reinluft soll der Bezugszustand so gewählt werden, daß der Wärmeinhalt bei 0° C gleich null wird. Dann ist der Integrationsfestwert $F = 0$ und

$$i_L = c_{p_{mL}} \cdot t. \tag{7a}$$

Beim Wasserdampf soll zweckmäßigerweise als Bezugszustand (Nullwert) nicht Dampf von 0° C, sondern Wasser von 0° C gewählt werden. Für den Wärmeinhalt des Dampfes gilt dann

$$i_W = c_{p_{mW}} \cdot t + F, \tag{7b}$$

wobei der Festwert $F$ gleich der Verdampfungswärme des Wassers bei 0° C ist.

$$F = 594{,}8 \text{ kcal/kg}.$$

## 2. Die Stoffwerte für Luft und Wasserdampf.

Die in der Literatur für die spezifischen Wärmen der Luft (Reinluft) und des Wasserdampfes angegebenen Werte weichen in beträchtlichem Maße voneinander ab. In einer zusammenfassenden Arbeit [14] hat Justi das gesamte bekanntgewordene Material über die spezifischen Wärmen von einer ganzen Reihe von Gasen und Dämpfen zusammengetragen. Es wurden jedoch nicht aus sämtlichen vorhandenen Werten wahllos die Mittelwerte gebildet, sondern auf Grund einer Kritik der Versuchsverfahren nur die wahrscheinlichsten Werte berücksichtigt. Die sich auf diese Weise für Luft und Wasserdampf im Temperaturbereich von +20 bis +400° C ergebenden Werte zeigt die Zahlentafel 1. Aus den in kcal/Mol °C angegebenen Werten $\mathfrak{C}_p$ lassen sich die für 1 kg geltenden Werte $c_p$

Zahlentafel 1.

| t | Luft | | Wasserdampf | |
|---|---|---|---|---|
| | $\mathfrak{C}_p$ | $c_p$ | $\mathfrak{C}_p$ | $c_p$ |
| °C | kcal/Mol °C | kcal/kg °C | kcal/Mol °C | kcal/kg °C |
| 20 | 6,97 | 0,2408 | 7,99 | 0,4435 |
| 100 | 7,03 | 0,2428 | 8,10 | 0,4496 |
| 200 | 7,17 | 0,2477 | 8,32 | 0,4618 |
| 300 | 7,36 | 0,2542 | 8,57 | 0,4757 |
| 400 | 7,56 | 0,2611 | 8,85 | 0,4912 |

durch Division mit dem Molekulargewicht $m$ ermitteln (Zahlentafel 1 und Abb. 1 und 2):

$$c_p = \frac{\mathfrak{C}_p}{m} \qquad (8)$$

für Luft:
$m = 28{,}95$ kg/Mol,

für Wasserdampf:
$m = 18{,}016$ kg/Mol.

Da es sich bei den Werten von $\mathfrak{C}_p$ nicht um Versuchswerte, sondern schon um ausgeglichene Werte handelt, erscheint es statthaft und zweckmäßig, die Werte von $c_p$ auf vier Stellen anzugeben.

Für den Entwurf der $c_p$-Kurve für Luft (Abb. 1) im Bereich unterhalb $0°$ C wurde ein Wert von Scheel und Heuse [6] benutzt. Dieser Wert erscheint deshalb sehr wahrscheinlich, weil der von Scheel und Heuse für $+20°$ C ermittelte Wert von $c_p$ genau mit dem von Justi bei dieser Temperatur angegebenen übereinstimmt. Außerdem ist aber die Tendenz der Kurve noch aus anderen Versuchen bekannt, so daß auch die Werte unterhalb $0°$ C gesichert sind. Die $c_p$-Werte für Wasserdampf (Abb. 2) wurden unterhalb $0°$ C extrapoliert, was deshalb zulässig erscheint, weil die Tendenz der Kurve mit genügender Sicherheit auf die Größe der Werte schließen läßt.

Die Justischen Werte gelten für Drücke von 0 at. Die Teildrücke des Wasserdampfs weichen hiervon nicht erheblich ab, so daß die in Zahlentafel 1 für Wasserdampf angegebenen Werte im folgenden zugrunde gelegt werden können.

Der Teildruck der Luft wird jedoch im Regelfalle fast 1 at betragen, so daß zu untersuchen ist, welche Berichtigungen hier angebracht werden müssen. Zur Abschätzung des Fehlers sei die für Luft verschiedenen Druckes geltende Gleichung von Holborn und Jakob[1] herangezogen:

$$\left. \begin{array}{l} 10^4 c_p = 2413 + 2{,}86\,p \\ + 0{,}0005\,p^2 - 0{,}00001\,p^3 \end{array} \right\} \quad (9)$$

Daraus ergibt sich, daß bei 1 at der Wert von $c_p$ um rd. 0,12 vH größer ist als bei 0 at. Da dieser Fehler weit unter der Meßgenauigkeit liegt, mit der die Werte für $c_p$ bestimmt wurden, hat die Abweichung unberücksichtigt zu bleiben. Es sind also auch für die Reinluft die Werte der Zahlentafel 1 zugrunde zu legen.

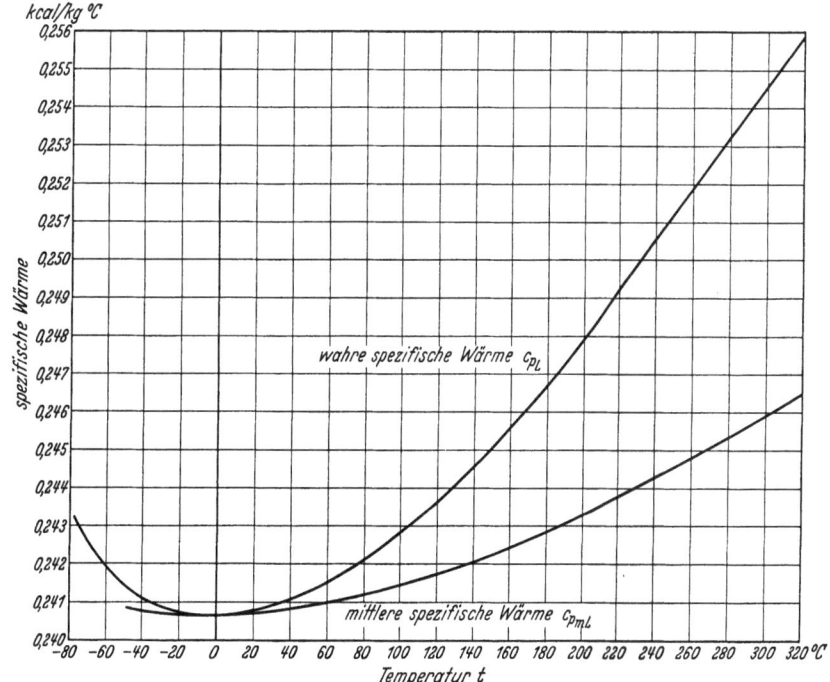

Abb. 1. Wahre spezifische Wärme $c_{p_L}$ und mittlere spezifische Wärme $c_{p_{mL}}$ für Luft in Abhängigkeit von der Temperatur $t$.

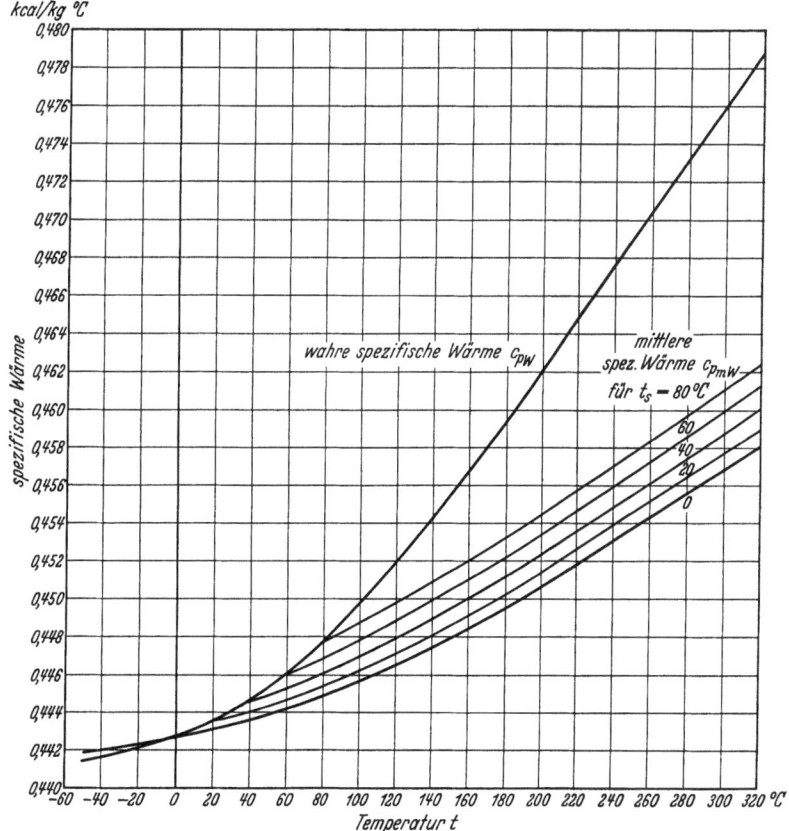

Abb. 2. Wahre spezifische Wärme $c_{p_W}$ und mittlere spezifische Wärme $c_{p_{mW}}$ für Wasserdampf in Abhängigkeit von der Temperatur $t$.

Die Werte für $c_{p_m}$ zwischen 0 und $t°$ C wurden aus diesen Kurven auf zeichnerischem Wege für den Bereich von $-50°$ C bis $+320°$ C ermittelt (Abb. 1 und 2).

---

[1] Z. VDI (1914) S. 1429.

Wenn für den Wasserdampf die Eigenschaften vollkommener Gase angenommen werden, so daß dann die Gl. (7b) gilt, werden sich für den Wärmeinhalt $i$ aus dieser Gleichung etwas andere Werte ergeben, als wenn die Berechnung mit den Gleichungen und Zahlen durchgeführt wird, die die Dampfeigenschaft berücksichtigen.

Es ist daher zu untersuchen, wie groß die sich ergebende Abweichung ist. Der Wärmeinhalt des überhitzten Dampfes ist:

$$i = i'' + \int_{t_s}^{t} c_p \, dt + D. \tag{10}$$

Die Zeiger $s$ und $''$ kennzeichnen den Sättigungszustand des Dampfes.

Die veränderliche Größe $D$ gibt den Einfluß der Dissoziation des Wasserdampfes bei hohen Temperaturen wieder. Da hier nur die Werte bis $+320°$ C von Wichtigkeit sind, Dissoziation aber erst bei Temperaturen auftritt, die höher als $1500°$ C liegen, ist

$$D = 0$$
$$i = i'' + c_{p_m}(t - t_s) \tag{11}$$

$$c_{p_m}(t - t_s) = \int_{t_s}^{t} c_p \, dt. \tag{12}$$

Für den Wärmeinhalt des gesättigten Wasserdampfes gilt

$$i'' = \lambda + A p v_0' \tag{13}$$

$\lambda$ = Erzeugungswärme des gesättigten Dampfes in kcal/kg,
$A = 1/427$ kcal/mkg, mechanisches Wärmeäquivalent,
$v_0'$ = spezifisches Volumen der Flüssigkeit bei $0°$ C in m³/kg.

Der Ausdruck $A p v_0'$ wird wegen des geringen Zahlenwertes von $v_0'$ vernachlässigbar klein ($v_0' = 0{,}00100013$ m³/kg), so daß gesetzt werden kann

$$i'' = \lambda, \tag{14}$$
also
$$i = \lambda + c_{p_m}(t - t_s). \tag{15}$$

Die Werte für $c_{p_m}$ bei verschiedenen Sättigungstemperaturen des Wasserdampfes sind in Abb. 2 dargestellt.

Bei der Ermittlung des Wärmeinhaltes $i$ nach der Gl. (15), die die Dampfeigenschaft des Wasserdampfes berücksichtigt, zeigt sich, daß diese Werte bis zu 1,5 kcal/kg größer sind als die Werte, die sich aus der für vollkommene Gase geltenden Gl. (7b) ergeben. Da die Abweichungen alle in einer Richtung liegen, erscheint ein Ausgleich angebracht. Dieser ist dadurch möglich, daß der Festwert $F$ in der Gl. (7b) um 0,7 kcal/kg erhöht wird.

$$F = 594{,}8 + 0{,}7 = 595{,}5 \text{ kcal/kg}.$$

Durch diese Festsetzung hat $F$ zwar die Bedeutung der Verdampfungswärme des Wassers verloren, es ergibt sich aber der Vorteil, daß die Werte für den Wärmeinhalt des Wasserdampfes $i_W$, die aus der für vollkommene Gase geltenden Gl. (7b) errechnet werden, besser mit den Werten übereinstimmen, die sich bei Berücksichtigung der Dampfeigenschaft nach Gl. (15) ergeben würden. Die größten Abweichungen betragen dann nur noch $\pm 0{,}12$ vH.

Bei einem derartig kleinen Fehler von $\pm 0{,}12$ vH erscheint es gerechtfertigt, den Wasserdampf als vollkommenes Gas anzusehen und für die Berechnung der Wärmeinhalte $i_W$ die Gl. (7b) unter Berücksichtigung des Ausgleiches zu verwenden.

Zahlentafel 2.

| $t$ °C | $c_{p_{mL}}$ | $c_{p_{mW}}$ |
|---|---|---|
| $-50 \cdots +50$ | 0,2408 | 0,4428 |
| 60 | 0,2410 | 0,4441 |
| 80 | 0,2412 | 0,4448 |
| 100 | 0,2414 | 0,4455 |
| 120 | 0,2417 | 0,4464 |
| 140 | 0,2420 | 0,4473 |
| 160 | 0,2424 | 0,4484 |
| 180 | 0,2428 | 0,4494 |
| 200 | 0,2432 | 0,4505 |
| 220 | 0,2437 | 0,4517 |
| 240 | 0,2442 | 0,4529 |
| 260 | 0,2447 | 0,4541 |
| 280 | 0,2452 | 0,4553 |
| 300 | 0,2458 | 0,4566 |
| 320 | 0,2464 | 0,4579 |

Es ist also

$$i_W = 595{,}5 + c_{p_{mW}} \cdot t. \tag{16}$$

Im Bereich von $-50°$ C bis $+50°$ C können ohne größeren Fehler gleichbleibende Werte für $c_{p_m}$ angenommen werden

$$c_{p_{mL}} = 0{,}2408 \text{ kcal/kg °C},$$
$$c_{p_{mW}} = 0{,}4428 \text{ kcal/kg °C},$$

im übrigen ergeben sich die Werte der Zahlentafel 2.

## 3. Die Hauptgleichungen feuchter Luft.

Für den Wärmeinhalt des Dampf-Luftgemisches, das 1 kg Reinluft enthält, ergibt sich die Gleichung

$$i = i_L + x \cdot i_W = c_{p_{mL}} \cdot t + x \cdot (595{,}5 + c_{p_{mW}} \cdot t) = c_{p_{mL}} \cdot t + 595{,}5 \, x + x \cdot c_{p_{mW}} \cdot t, \tag{17}$$

für den Bereich von $-50°$ C bis $+50°$ C gilt dann insbesondere

$$i = 0{,}2408 \, t + 595{,}5 \, x + 0{,}4428 \, xt. \tag{18}$$

Innerhalb einer Gasmischung befolgt das einzelne Gas seine Zustandsgleichung so, als ob die anderen Bestandteile nicht vorhanden wären. Betrachtet man also eine Gemischmenge von 1 kg Reinluft und $x$ kg Wasserdampf, deren Rauminhalt gleich $V$ m³ ist, so hat jeder Bestandteil, also sowohl das Kilogramm Reinluft als auch die $x$ kg Wasserdampf den Rauminhalt $V$.

Nach dem Daltonschen Gesetz ist der Gesamtdruck der Mischung gleich der Summe der Teildrücke der Bestandteile

$$p = p_L + p_W \tag{19a}$$

und

$$P = P_L + P_W \tag{19b}$$

$p$ in kg/cm²; $P$ in kg/m².

Dann gilt auch nach Erweitern der Gl. (19b) mit $V$

$$P \cdot V = P_L \cdot V + P_W \cdot V \tag{20}$$

und für jeden einzelnen Bestandteil die Gasgleichung (2), also

$$P \cdot V = G \cdot R \cdot T. \tag{21}$$

$R$ = Gaskonstante in mkg/kg °K.

$$P_L \cdot V = 1 \cdot R_L \cdot T. \tag{21a}$$

$$P_W \cdot V = x \cdot R_W \cdot T. \tag{21b}$$

Für die Gaskonstante $R$ gilt die Gleichung

$$R = \frac{848}{m}, \tag{22}$$

in der $m$ das Molekulargewicht bedeutet.

$$R_L = \frac{848}{28{,}95} = 29{,}27. \tag{22a}$$

$$R_W = \frac{848}{18{,}016} = 47{,}06. \tag{22b}$$

Die Gl. (21a) und (21b) in (20) eingesetzt ergibt

$$P \cdot V = R_L T + x R_W T. \tag{23}$$

Falls der Druck nicht in kg/m² (Zeichen $P$) oder in kg/cm² (Zeichen $p$), sondern in mm QS von 0° C (Zeichen $h$) gemessen wird, gilt für die Umrechnung die Beziehung:

$$1 \text{ kg/cm}^2 = 10000 \text{ kg/m}^2 = 735{,}5 \text{ mm QS von } 0° \text{ C}. \tag{24}$$

$$p = \frac{P}{10\,000} = \frac{h}{735{,}5}. \tag{24a}$$

$$h = 0{,}07355\, P. \tag{24b}$$

$$P = \frac{h}{0{,}07355}. \tag{24c}$$

Gl. (24c) in (23) eingesetzt:

$$h \cdot V = 0{,}07355\, (R_L T + x R_W T) = 0{,}07355\, (29{,}27\, T + 47{,}06\, x T)$$

$$h \cdot V = 2{,}1528\, T + 3{,}4613\, x T. \tag{25}$$

Der Rauminhalt $V$ von $1 + x$ kg Gemisch ergibt sich dann durch Division der Gl. (25) durch $h$

$$V = \frac{h \cdot V}{h}. \tag{26}$$

Der Rauminhalt von 1 kg Gemisch, also das spezifische Volumen ist

$$v = \frac{V}{1 + x} \tag{27}$$

und das spezifische Gewicht

$$\gamma = \frac{1}{v} = \frac{1 + x}{V}. \tag{28}$$

Wasserdampf kann von der Luft nicht in jeder beliebig großen Menge aufgenommen werden und darin in Dampfform enthalten sein. Sein Teildruck $h_W$ kann nie größer werden als der Druck gesättigten Wasserdampfes bei gleicher Temperatur ($h_{W_s}$). Ist dieser Zustand erreicht, dann ist das Dampfluftgemisch mit Wasserdampf gesättigt.

Ein gebräuchliches Maß für die Kennzeichnung des Luftzustandes ist die relative Feuchtigkeit $\varphi$, die das Verhältnis des tatsächlich vorhandenen Wasserdampfteildruckes zu dem bei gleicher Temperatur höchst möglichen, also zum Sättigungsdruck des Wasserdampfes von gleicher Temperatur darstellt

$$\varphi = \frac{h_W}{h_{W_s}}. \tag{29}$$

Der Zeiger $s$ kennzeichnet den Sättigungszustand. Die Wasserdampfmenge $x$, die bei jedem nicht übersättigten Luftzustand in 1 kg Reinluft vorhanden ist, ergibt sich aus den Gl. (25), (21b), (24c) und (22b).

$$h \cdot V = 3{,}4613\, T\, (x + 0{,}622)\,. \tag{25a}$$

$$\frac{3{,}4613\, T}{V} = \frac{h}{x + 0{,}622}\,,$$

$$\frac{h_W}{0{,}07355} \cdot V = 47{,}06\, x T\,,$$

$$h_W \cdot V = 3{,}4613\, x T\,. \tag{30}$$

$$\frac{3{,}4613\, T}{V} = \frac{h_W}{x}\,,$$

$$\frac{h_W}{x} = \frac{h}{x + 0{,}622}\,,$$

$$h_W = \frac{x\, h}{x + 0{,}622}\,. \tag{31}$$

$$x\, (h - h_W) = 0{,}622\, h_W\,,$$

$$x = \frac{0{,}622\, h_W}{h - h_W}\,. \tag{32}$$

Die Gl. (31) und (32) gelten auch für den Sättigungszustand, also

$$h_{W_s} = \frac{x_s \cdot h}{x_s + 0{,}622} \tag{31a}$$

und

$$x_s = \frac{0{,}622\, h_{W_s}}{h - h_{W_s}}\,. \tag{32a}$$

Die Gl. (32) und (32a) zeigen, daß die in 1 kg Reinluft enthaltene Wasserdampfmenge nicht nur vom jeweiligen Teildruck des Wasserdampfes abhängt, sondern auch noch vom Gesamtdruck $h$.

Aus den Gl. (29), (31) und (31a) ergibt sich

$$\varphi = \frac{h_W}{h_{W_s}} = \frac{x \cdot h \cdot (x_s + 0{,}622)}{(x + 0{,}622) \cdot x_s \cdot h} = \frac{x \cdot (x_s + 0{,}622)}{x_s \cdot (x + 0{,}622)}\,, \tag{33}$$

also $\varphi$ in Abhängigkeit von $x$ und $x_s$, und ferner durch Anwendung von Gl. (30) auf den ungesättigten und den gesättigten Zustand:

$$\varphi = \frac{h_W}{h_{W_s}} = \frac{3{,}4613\, x\, T \cdot V_s}{V \cdot 3{,}4613\, x_s \cdot T} = \frac{x \cdot V_s}{x_s \cdot V}\,. \tag{34}$$

Die Größen
$$\frac{x}{V} = X \tag{35a}$$

und
$$\frac{x_s}{V_s} = X_s \tag{35b}$$

sind die Wasserdampfmengen, die im nicht gesättigten bzw. im gesättigten Zustand jeweils in der Raumeinheit feuchter Luft vorhanden sind. Die relative Feuchtigkeit kann also auch erklärt werden als das Gewichtsverhältnis des in der Raumeinheit tatsächlich enthaltenen Wasserdampfes ($X$) zu dem bei Sättigung, gleicher Temperatur und gleichem Gesamtdruck vorhandenen ($X_s$).

$$\varphi = \frac{X}{X_s} = \frac{h_W}{h_{W_s}}\,. \tag{36}$$

Von Prof. Mollier ist ein anderer Maßstab für die Kennzeichnung des Luftzustandes vorgeschlagen worden [8, 19]: der Sättigungsgrad $\psi$. Dieser wird bestimmt als das Verhältnis der Wasserdampfgewichte ($x$ bzw. $x_s$), die in 1 kg Reinluft im ungesättigten und im gesättigten Zustand vorhanden sind.

$$\psi = \frac{x}{x_s}\,. \tag{37}$$

Der wesentliche Unterschied zwischen $\varphi$ und $\psi$ ist, daß die Wasserdampfmengen einmal auf die Raumeinheit feuchter Luft, das andere Mal auf die Gewichtseinheit der Reinluft bezogen werden. Nach den Gl. (33) und (37) ist:

$$\varphi = \frac{x \cdot (x_s + 0{,}622)}{x_s \cdot (x + 0{,}622)} = \psi \cdot \frac{x_s + 0{,}622}{x + 0{,}622}\,. \tag{38}$$

$\varphi$ und $\psi$ sind nur für den Sättigungszustand einander gleich, bei ungesättigter Luft ist $\varphi$ stets größer als $\psi$, und zwar wird das Verhältnis $\varphi/\psi$ um so größer, je weiter die Luft vom Sättigungszustand entfernt ist. Der Zahlenwert des Unterschiedes zwischen $\varphi$ und $\psi$ ist in den meisten Fällen, in denen es sich um atmosphärische Luft handelt, klein, so daß Prof. Mollier vorschlägt, diese Differenz zu vernachlässigen. Für den Sättigungsgrad $\psi$ könnten dann die Werte benutzt werden, die sich aus meteorologischen Messungen und Zahlentafeln für die relative Feuchtigkeit $\varphi$ ergeben.

Diese Annahme und Vernachlässigung bringt den Vorteil, daß die Ermittlung der $\varphi = \psi$-Werte in der Mollier-$i$-$x$-Tafel sehr einfach wird, während die Bestimmung der tatsächlichen $\varphi$-Werte wesentlich schwieriger ist, solange die Linien gleicher relativer Feuchtigkeit nicht eingezeichnet sind [2, 8, 19]. Ob es auch im vorliegenden Falle zweckmäßig ist, diese Vernachlässigung einzuführen, wird weiter unten zu prüfen sein.

## C. Die Fluchtentafeln.

### 1. Die Bedingungen für die Darstellbarkeit von Gleichungen in Fluchtentafeln.

Eine Fluchtentafel ist eine zeichnerische Darstellung einer Gleichung und besteht meist aus drei einander zugeordneten bezifferten Leitern. Jede Leiter entspricht einer Veränderlichen in der Gleichung. Die Leitern sind mit den Zahlenwerten beziffert, die in einem bestimmten Bereich einander entsprechen.

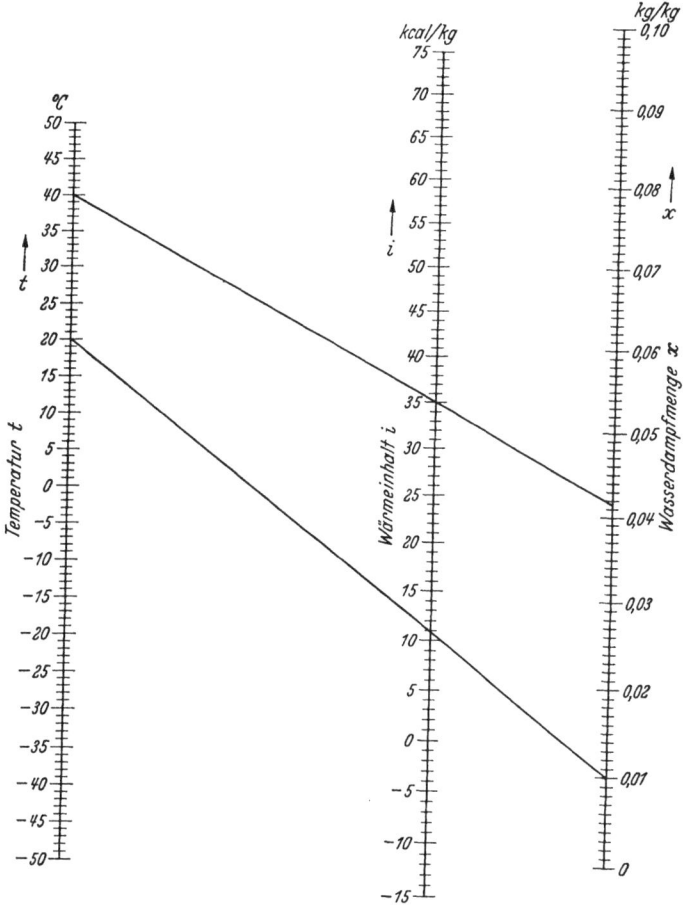

Um drei zueinander gehörige Werte der Veränderlichen zu erhalten, die die gegebene Gleichung erfüllen, wird in der Fluchtentafel eine Gerade, der „Weiser", der beispielsweise durch einen straff gespannten Faden hergestellt werden kann, so gelegt, daß er alle drei Leitern schneidet. An den Schnittpunkten mit den bezifferten Leitern werden die Zahlenwerte der Veränderlichen abgelesen. Dann und nur dann, wenn die abgelesenen Zahlenwerte für jede beliebige Lage der Geraden die gegebene Gleichung erfüllen, ist die Fluchtentafel eine zeichnerische Darstellung der Gleichung. Die Leitern sind im allgemeinen Falle Kurven, in vielen Sonderfällen sind sie jedoch Gerade.

Ein Beispiel möge dies näher erläutern. In Abb. 3 ist eine Fluchtentafel dargestellt, die für feuchte Luft gilt und die Gl. (17) erfüllt, d. h. die Beziehungen zwischen der Temperatur $t$, dem Wasserdampfgehalt $x$ und dem Wärmeinhalt $i$ wiedergibt. Die Zahlenwerte dieser Veränderlichen $t$, $x$ und $i$ sind auf je einer Leiter aufgetragen. Sind Temperatur und Wasserdampfgehalt bekannt ($t = 20°$ C, $x = 0{,}01$ kg/kg) und der Wärmeinhalt $i$ gesucht, so werden die Punkte, die mit den gegebenen Zahlenwerten beziffert sind, auf der $t$-Leiter und der $x$-Leiter aufgesucht und durch eine Gerade, den Weiser, miteinander verbunden. Dieser Weiser schneidet die $i$-Leiter in dem Punkte, der mit dem gesuchten

Abb. 3. Fluchtentafel mit logarithmischen Leitern.

Wert beziffert ist. Es ergibt sich $i = 10{,}9$ kcal/kg. Oder ein anderes Beispiel: gegeben $t = 40°$ C und $i = 35$ kcal/kg, dann ist $x = 0{,}0414$ kg/kg.

Da es nicht möglich ist, für jede beliebige Gleichung eine Fluchtentafel zu entwerfen, sondern diese nur auf eine Anzahl von Gleichungen beschränkt sind, die eine bestimmte äußere Form haben, ist zuerst zu untersuchen, ob die Gleichungen für feuchte Luft sich auf eine dieser Formen bringen lassen.

Verfluchtungsmöglichkeiten liegen beispielsweise für eine Gleichung mit den drei Veränderlichen $\alpha$, $\beta$ und $\gamma$ dann vor, wenn sich die drei Veränderlichen voneinander trennen lassen und es möglich ist, die Gleichung auf die Form

$$f_3(\gamma) = \frac{f_1(\alpha)}{f_2(\beta)} \tag{39}$$

zu bringen. Hierbei seien $f_1$, $f_2$ und $f_3$ die beliebigen Funktionen der drei Veränderlichen $\alpha$, $\beta$ und $\gamma$.

Die Gl. (17) hat nicht diese Form.
$$i = c_{p_{mL}} \cdot t + 595{,}5\, x + x \cdot c_{p_{mW}} \cdot t \,. \tag{17}$$

Durch Trennung der Veränderlichen ergibt sich
$$i + F_1 = (c_{p_{mW}} \cdot t + 595{,}5) \cdot (x + F_2) \,. \tag{40a}$$

$$c_{p_{mW}} \cdot t + 595{,}5 = \frac{i + F_1}{x + F_2} \,. \tag{40b}$$

$F_1$ und $F_2$ sind Festwerte.

$$F_2 = \frac{c_{p_{mL}}}{c_{p_{mW}}} \,. \tag{41a}$$

$$F_1 = 595{,}5 \cdot F_2 = 595{,}5 \cdot \frac{c_{p_{mL}}}{c_{p_{mW}}} \,. \tag{41b}$$

$$c_{p_{mW}} \cdot t + 595{,}5 = \frac{i + 595{,}5 \cdot \dfrac{c_{p_{mL}}}{c_{p_{mW}}}}{x + \dfrac{c_{p_{mL}}}{c_{p_{mW}}}} \,. \tag{40c}$$

Die Gl. (40b) und (40c) sind von der Form der Gl. (39), so daß hierfür die Möglichkeit besteht, Fluchtentafeln zu entwerfen. Im Bereich von $-50°$ C bis $+50°$ C gilt
$$c_{p_{mL}} = 0{,}2408 \text{ kcal/kg °C} \quad \text{und} \quad c_{p_{mW}} = 0{,}4428 \text{ kcal/kg °C}$$

und damit
$$0{,}4428\, t + 595{,}5 = \frac{i + 323{,}84}{x + 0{,}54381} \,. \tag{40d}$$

Auch die Gl. (25) kann auf die Form (39) gebracht werden:
$$h \cdot V = 2{,}1528\, T + 3{,}4613\, x T \,. \tag{25}$$

$$h \cdot V = 3{,}4613\, T \cdot (x + 0{,}622) \,. \tag{42a}$$

$$3{,}4613\, T = \frac{h \cdot V}{x + 0{,}622} \,. \tag{42b}$$

$$T = 273{,}2°\text{ C} + t \,.$$

$$3{,}4613\, t + 945{,}63 = \frac{h \cdot V}{x + 0{,}622} \,. \tag{42c}$$

Die weiteren Hauptgleichungen für feuchte Luft, nämlich (26), (27), (28), (29) haben bereits die Form (39), ebenso die Gl. (31), wenn für $f(x)$ eingesetzt wird
$$Y = \frac{x}{x + 0{,}622} \,, \tag{43}$$

also
$$h_W = Y \cdot h \,. \tag{44a}$$

$$Y = \frac{h_W}{h} \,. \tag{44b}$$

Es ist daher möglich, für alle Gleichungen der feuchten Luft Fluchtentafeln, und zwar solche gleicher Art zu entwerfen, da alle Hauptgleichungen von derselben Grundform sind.

Alle Gleichungen, die der Form (39) genügen, lassen sich grundsätzlich in zwei verschiedenen Arten von Fluchtentafeln darstellen:
1. Fluchtentafeln mit drei parallelen, logarithmischen Leitern,
2. Fluchtentafeln mit drei numerischen Leitern, von denen zwei parallel und gleichschrittig sind und von einer dritten geschnitten werden.

## 2. Fluchtentafeln mit logarithmischen Leitern.

Die Fluchtentafeln der ersten Art, bei denen die drei Leitern parallel sind, haben den Vorteil, daß sie sich sehr leicht aufzeichnen lassen. Die Abb. 3 zeigt eine solche Fluchtentafel, sie stellt die Gl. (17) dar und gibt die Beziehungen zwischen der Temperatur $t$, dem Wasserdampfgehalt $x$ und dem Wärmeinhalt $i$ der feuchten Luft wieder. Die einzelnen Zahlenwerte der Veränderlichen $t$, $x$ und $i$ sind auf den drei parallelen Leitern in bestimmten, errechenbaren logarithmischen Maßstäben aufgetragen. Diese logarithmischen Fluchtentafeln, von denen es für die Gl. (17) mehrere Ausführungsformen gibt, haben aber den grundsätzlichen Mangel, daß in ihnen eine ganze Reihe von Zustandsänderungen, z. B. die Verdunstungsvorgänge, nicht oder nicht genau dargestellt werden können. Ihr Anwendungsgebiet wird sich daher auf Einzelfälle beschränken, und es wird vorteilhaft sein, die Tafeln für die jeweils vorliegenden Verhältnisse neu zu entwerfen.

Für den allgemeinen Gebrauch dagegen bieten die Fluchtentafeln der zweiten Art, die Fluchtentafeln mit drei numerischen Leitern, größere Vorteile.

## 3. Fluchtentafeln mit numerischen Leitern.

Außer den Fluchtentafeln mit logarithmischen Leitern gibt es noch eine Reihe anderer Tafeln. Von diesen sind für die Darstellung der vorliegenden Gleichungen ganz besonders die geeignet, die zwei parallele, numerische und gleichschrittige Leitern haben, die von einer dritten Leiter geschnitten werden.

In Abb. 4 seien die mit 1, 2 und 3 bezeichneten Geraden die Leiterträger; 1 und 2 sind parallel, sie werden von 3 geschnitten. Auf diesen Leitern schneide eine beliebig gelegte Flucht die Stücke $u$, $v$ und $w$ ab. Die Länge des zwischen den beiden parallelen Leitern liegenden Stückes der dritten Leiter sei gleich $a$. Dann ist

$$\frac{u}{v} = \frac{w}{w+a}. \tag{45}$$

Sind $l_1$, $l_2$ und $l_3$ die Maßstäbe, in denen die Funktionen $f_1(\alpha)$, $f_2(\beta)$ und $f_3(\gamma)$ der gegebenen Gl. (39) in einer Fluchtentafel dargestellt werden sollen, so lautet diese Gleichung

$$l_3 f_3(\gamma) = \frac{l_1 f_1(\alpha)}{l_2 f_2(\beta)}. \tag{39a}$$

Vergleicht man die Gl. (39a) und (45), so zeigt sich, daß beide in der Form übereinstimmen und daß sich daher jeder Zahlenwert der Veränderlichen $\alpha$, $\beta$ und $\gamma$ einer und nur einer Länge $u$, $v$ bzw. $w$ zuordnen läßt. Es muß dazu gesetzt werden

$$u = l_1 f_1(\alpha), \tag{46a}$$

$$v = l_2 f_2(\beta), \tag{46b}$$

$$\frac{w}{w+a} = l_3 f_3(\gamma), \tag{46c}$$

$$w = \frac{a \cdot l_3 f_3(\gamma)}{1 - l_3 f_3(\gamma)}. \tag{46d}$$

Diese Überlegung beweist, daß sich alle Gleichungen, die die Form (39) haben, tatsächlich in dieser Weise in Fluchtentafeln wiedergeben lassen. Daß die Hauptgleichungen für feuchte Luft alle auf die Form (39) gebracht werden können, war schon weiter oben gezeigt worden. Es ist also möglich, sämtliche Hauptgleichungen für feuchte Luft in numerischen Fluchtentafeln darzustellen, bei denen zwei Leitern parallel sind und die dritte Leiter die beiden anderen schneidet.

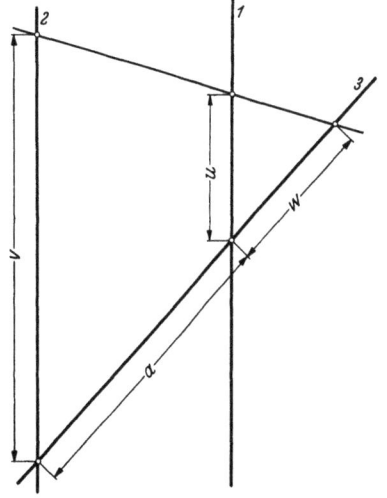

Abb. 4. Fluchtentafel mit numerischen Leitern (Schema).

Es besteht die Möglichkeit, zwei voneinander verschiedene Arten von Fluchtentafeln zu zeichnen, je nachdem, ob die Gleichung

$$x + \frac{c_{pmL}}{c_{pmW}} = \frac{i + 595{,}5 \cdot \dfrac{c_{pmL}}{c_{pmW}}}{c_{pmW} \cdot t + 595{,}5} \tag{40e}$$

oder die Gleichung

$$c_{pmW} \cdot t + 595{,}5 = \frac{i + 595{,}5 \cdot \dfrac{c_{pmL}}{c_{pmW}}}{x + \dfrac{c_{pmL}}{c_{pmW}}} \tag{40c}$$

zugrunde gelegt wird. Im ersten Falle sind die Werte der Veränderlichen $i$ und $t$, im zweiten Falle die der Veränderlichen $i$ und $x$ auf den parallelen Leitern aufzutragen. Die Fluchtentafeln seien daher nach den beiden parallelen Leitern $i$-$t$-Tafel bzw. $i$-$x$-Tafel genannt.

## D. Entwurf der Fluchtentafeln.

### 1. Die $i$-$t$-Tafel.

Die $i$-$t$-Tafeln haben die gleichen Nachteile wie die logarithmischen Fluchtentafeln: die Linien für gleiches $di/dx$ lassen sich nicht einzeichnen, so daß es nicht möglich ist, eine Reihe von Zustandsänderungen, z. B. das Befeuchten von Luft mit Wasserdampf, in diesen Tafeln zu verfolgen. Wegen dieses Nachteiles sollen die $i$-$t$-Tafeln nicht näher behandelt werden.

### 2. Die $i$-$x$-Tafel.

Für den Entwurf der $i$-$x$-Tafel ist die Gl. (40c)

$$c_{pmW} \cdot t + 595{,}5 = \frac{i + 595{,}5 \cdot \dfrac{c_{pmL}}{c_{pmW}}}{x + \dfrac{c_{pmL}}{c_{pmW}}} \tag{40c}$$

zugrunde zu legen (Abb. 5). Der Vergleich mit den Gl. (46) zeigt, daß

$$u = l_1 f_1(\alpha) = l_1 \left( i + 595{,}5 \frac{c_{p_{mL}}}{c_{p_{mW}}} \right) \tag{47a}$$

$$v = l_2 f_2(\beta) = l_2 \left( x + \frac{c_{p_{mL}}}{c_{p_{mW}}} \right) \tag{47b}$$

$$\frac{w}{w+a} = l_3 f_3(\gamma) = l_3 \left( c_{p_{mW}} \cdot t + 595{,}5 \right) \tag{47c}$$

gesetzt werden muß. Die Maßstäbe $l_1$ und $l_2$ für die auf den parallelen Leiterträgern aufzuzeichnenden $i$- und $x$-Leitern können beliebig gewählt werden. Sie sollen, um eine brauchbare Tafel zu erhalten,

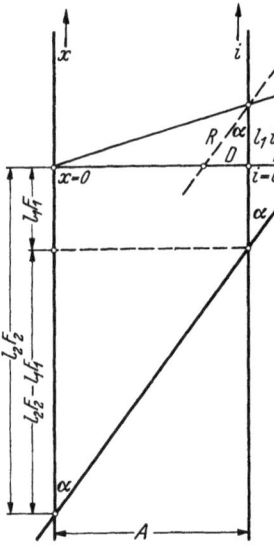

Abb. 5. Die $i$-$x$-Tafel (Schema).

so angenommen werden, daß die darzustellenden Stücke der $i$- und der $x$-Leiter ungefähr gleich lang werden. Beide Leitern lassen sich bereits zeichnen; sie sind numerisch und gleichschrittig, d. h. die Längen für die $i$- bzw. $x$-Einheit sind an allen Stellen jeder Leiter gleich groß. Die dritte, schräge $t$-Leiter dagegen wird ungleichschrittig; die Entfernung zwischen den einzelnen bezifferten Leiterpunkten wird um so größer, je größer der Zahlenwert der Temperatur ist. Die Aufzeichnung der $t$-Leiter bereitet Schwierigkeiten; es muß in anderer Weise ermittelt werden, welche Längen auf der $t$-Leiter den einzelnen Zahlenwerten der Temperatur entsprechen.

Nach der Gl. (40c) ist für $t = 0$ und $x = 0$ auch $i = 0$. Es ist zweckmäßig, in der Tafel die Verbindungslinie dieser drei Punkte, die Nullflucht, so zu legen, daß sie senkrecht zu den beiden parallelen Leitern steht (Abb. 5). Wenn dann noch deren Abstand $A$ festgelegt wird, ist die Richtung der dritten Leiter, der $t$-Leiter, bestimmt, denn sie muß, wie aus Abb. 4 zu entnehmen ist, durch die Punkte der beiden anderen Leitern hindurchgehen, für die $u = 0$ bzw. $v = 0$ ist. Mit diesen Werten ergeben die Gl. (47a) und (47b)

$$u = l_1 (i + F_1) = 0, \tag{48a}$$
$$v = l_2 (x + F_2) = 0, \tag{48b}$$

wobei die beiden Festwerte $F_1$ und $F_2$ die bekannten Werte

$$F_1 = 595{,}5 \cdot \frac{c_{p_{mL}}}{c_{p_{mW}}} \tag{41b}$$

und

$$F_2 = \frac{c_{p_{mL}}}{c_{p_{mW}}} \tag{41a}$$

haben. Durch Umformung ergibt sich

$$l_1 i = -l_1 F_1 \quad \text{und} \quad l_2 x = -l_2 F_2,$$

d. h. die Punkte auf der $i$- bzw. $x$-Leiter, durch die die schräge $t$-Leiter hindurchgeht, liegen im Abstande $l_1 F_1$ bzw. $l_2 F_2$ unterhalb der Nullflucht (Abb. 5). Die Richtung der $t$-Leiter liegt damit fest. Für den Neigungswinkel $\alpha$ gegen die beiden parallelen Leitern ergibt sich

$$\operatorname{tg} \alpha = \frac{A}{l_2 F_2 - l_1 F_1}. \tag{49}$$

Setzt man in der Gl. (40c) für $x$ den Wert $x = 0$ ein, dann ergibt sich

$$i = c_{p_{mL}} \cdot t.$$

Das bedeutet, daß die $t$-Leiter in einfacher Weise herzustellen ist, und zwar durch Projektion der $i$-Leiter vom Punkt $x = 0$ her auf den $t$-Leiterträger, also auf die schräge Gerade. Die $t$-Leiter ist projektiv, das Projektionszentrum ist der Punkt $x = 0$. Diese Maßnahme zeichnerisch durchzuführen, ist zwar denkbar. Für den vorliegenden Fall ergibt sich aber ein zu großer Zeichenfehler. Die Tatsache, daß die $x$-Leiter projektiv ist, soll aber für die Berechnung der einzelnen Leiterpunkte benutzt werden.

Zieht man in Abb. 5 eine beliebige, durch $x = 0$ gehende Flucht und durch deren Schnittpunkt mit der $i$-Leiter eine Parallele zur $t$-Leiter, so erhält man

$$\frac{d}{R} = \frac{A+B}{A-D}$$

$$\operatorname{tg} \alpha = \frac{B}{l_1 F_1} = \frac{D}{l_1 i}$$

$$\cos \alpha = \frac{l_1 i}{R}$$

$$d = R \cdot \frac{A+B}{A-D} = \frac{A + l_1 F_1 \cdot \operatorname{tg} \alpha}{A - l_1 i \operatorname{tg} \alpha} \cdot \frac{l_1 i}{\cos \alpha}. \tag{50}$$

Für $i$ den Wert $i = c_{p_{mL}} \cdot t$ eingesetzt, ergibt

$$d = \frac{A + l_1 F_1 \cdot \text{tg } \alpha}{A - l_1 \cdot c_{p_{mL}} \cdot t \cdot \text{tg } \alpha} \cdot \frac{l_1 \cdot c_{p_{mL}} \cdot t}{\cos \alpha}. \tag{51}$$

Nach der Gl. (51) läßt sich die $t$-Leiter punktweis für die einzelnen Werte von $t$ errechnen.

Auf diese Weise sind zwei Fluchtentafeln für feuchte Luft entworfen worden. Die Tafel 1 ist für Temperaturen bis 70° C und Wasserdampfgehalte bis 0,1 kg/kg zu verwenden. Die Tafel 2 umfaßt in kleinerem Maßstabe einen größeren Bereich, bis $t = 320°$ C und $x = 0,3$ kg/kg. In der Tafel 1 werden sich die Zustandsänderungen verfolgen lassen, die in der Kälte-, in der Heizungs- und in der Lüftungstechnik vorkommen; in der Tafel 2 lassen sich die Vorgänge darstellen, die sich in der Trockentechnik abspielen.

Wie bereits erwähnt, können für den Bereich der Tafel 1 die $c_{p_m}$-Werte als unveränderlich angesehen werden; für die Tafel 2 sind die Werte der Zahlentafel 2 verwendet worden.

Die Veränderlichkeit der $c_{p_m}$-Werte macht es bei der Tafel 2 erforderlich, den Neigungswinkel $\alpha$ in jedem einzelnen Punkt der $t$-Leiter besonders zu bestimmen. Die Leiter ist nicht geradlinig, denn es ist

$$\text{tg } \alpha = \frac{A}{l_2 F_2 - l_1 F_1}. \tag{49}$$

Die Festwerte $F_1$ und $F_2$ verändern sich infolge der Veränderlichkeit der mittleren spezifischen Wärmen. Allerdings ist die Änderung des Neigungswinkels $\alpha$, die sich hieraus ergibt, nicht sehr groß. Er ist im Leiterpunkt für $t = 320°$ C um $4'51''$ größer als im Leiterpunkt für $t = 60°$ C. Die $t$-Leiter der Tafel 2 ist also in kaum bemerkbarer Weise nach rechts gekrümmt.

Es bleibt noch zu untersuchen, welche Vorteile dadurch entstehen, daß bei der Tafel mit dem großen Bereich die Veränderlichkeit der $c_{p_m}$-Werte berücksichtigt wurde. Wäre auch hier ein Mittelwert zugrunde gelegt worden, etwa $c_{p_{mL}} = 0{,}2428$ kcal/kg °C und $c_{p_{mW}} = 0{,}4499$ kcal/kg °C, so würden sich im äußersten Falle Abweichungen von 1,25 vH ergeben. Das wäre noch in Kauf zu nehmen, wenn ein derartiger Ausgleich unbedingt erfolgen müßte, da der Zeichenfehler im Höchstfalle vielleicht von der gleichen Größenordnung sein kann. Es ergäbe sich dabei aber noch folgender Nachteil: entweder müßten bei beiden Tafeln die gleichen Mittelwerte angenommen werden, dann wären aber die $c_{p_m}$-Werte für die Tafel 1 in merkbarem Maße zu hoch, oder es würden sich bei verschieden angenommenen Mittelwerten kleine Unterschiede in den Rechnungen ergeben, je nachdem, ob die Tafel 1 oder die Tafel 2 benutzt wurde. Es liegt aber keine zwingende Notwendigkeit vor, in die Tafeln diese Fehler hineinzubringen, die sich in jedem Falle neben den unvermeidlichen Zeichenfehlern als zusätzliche Fehler bemerkbar machen würden.

In den Tafeln 1 und 2 lassen sich bereits ohne weiteres die Zustandsänderungen verfolgen, bei denen sich entweder $i$ oder $x$ oder $t$ nicht ändert. Es sei zunächst davon abgesehen, zu erörtern, welche Bedeutung derartige Zustandsänderungen haben. Hier sei vorausgesetzt, daß solche Zustandsänderungen tatsächlich möglich sind.

Für mehrere verschiedene Luftzustände, deren Wasserdampfgehalt je kg Reinluft gleich ist, z. B. $x = 0{,}05$ kg/kg, seien die Fluchten gezeichnet. Diese schneiden sich alle in einem Punkt, und zwar in dem Punkt $x = 0{,}05$ auf der $x$-Leiter. Hieraus ergibt sich: **eine Zustandsänderung, bei der irgendeine Größe unverändert bleibt, muß sich in der Fluchtentafel stets als eine Drehung der Flucht um den Punkt darstellen, der diesen unveränderlichen Wert wiedergibt.** Dies gilt natürlich ganz allgemein, nicht etwa nur für die $x$-Leiter. Es ist also sehr einfach, solche Zustandsänderungen zu verfolgen, bei denen entweder $i$ oder $x$ oder $t$ unverändert bleiben.

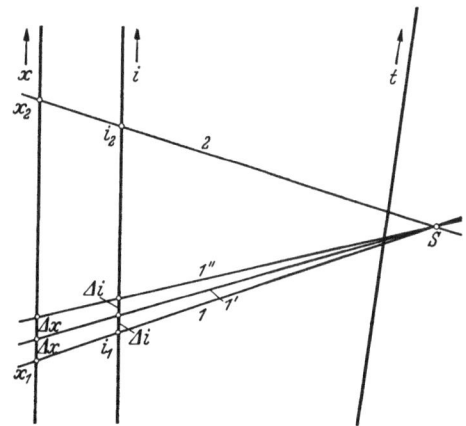

Abb. 6. Darstellung einer Zustandsänderung.

Wenn diese Zustandsänderungen auch in der Praxis recht häufig vorkommen (Erwärmung, Abkühlung ohne Kondensationserscheinungen), so stellen sie doch einen Sonderfall dar. Im allgemeinen Falle wird nicht damit zu rechnen sein, daß zufällig eine dieser drei Größen unveränderlich bleibt.

Es wird dann vorteilhaft sein, zu betrachten, wie sich $i$ und $x$ ändern.

Eine Luftmenge vom Zustand 1 (Abb. 6) sei in einen Zustand 1' so übergeführt worden, daß sich der Wärmeinhalt $i_1$ um $\Delta i$ und der Wasserdampfgehalt $x_1$ um $\Delta x$ vermehrt hat. Bewirkt man dann abermals eine Zustandsänderung, und zwar so, daß Wärmeinhalt und Wassergehalt sich erneut um $\Delta i$ und $\Delta x$ vergrößern, so ergibt sich aus einfachen geometrischen Betrachtungen, daß sich in Abb. 6 die drei Fluchten für die Zustände 1, 1' und 1'' in einem Punkte schneiden müssen. Auch dann, wenn diese Zustandsänderung noch beliebig oft wiederholt wird, müssen alle neuen Fluchten durch denselben Schnittpunkt $S$ gehen, der als Fluchtendrehpol bezeichnet werden kann. Die Lage dieses Punktes, und zwar seine Entfernung von den parallelen Leitern, ist ein Maß für die Art der Zustandsänderung; denn wenn das Verhältnis $\Delta i/\Delta x$ größer wäre, würde die Entfernung des Schnittpunktes von der $i$-Leiter ebenfalls größer sein, bei kleinerem Verhältnis $\Delta i/\Delta x$ wäre sie kleiner. Läßt man nun $\Delta i/\Delta x$

durch Grenzbetrachtung übergehen in $di/dx$, so ist zu sehen, daß der Zahlenwert von $di/dx$ in jedem Falle durch die Entfernung des oben genannten Schnittpunktes von der $i$-Leiter eindeutig festgelegt ist

Wird die Zustandsänderung $n$mal durchgeführt, so daß sich schließlich der Zustand 2 ergibt, so ist

$$n \cdot \Delta i = i_2 - i_1; \qquad n \cdot \Delta x = x_2 - x_1.$$

Es war aber

$$\frac{di}{dx} = \frac{\Delta i}{\Delta x}.$$

Die rechte Seite dieser Gleichung mit $n$ erweitert, ergibt

$$\frac{di}{dx} = \frac{n \cdot \Delta i}{n \cdot \Delta x},$$

dann ist aber

$$\frac{di}{dx} = \frac{i_2 - i_1}{x_2 - x_1}. \tag{52}$$

Wenn also eine Luftmenge vom Zustand $x_1$, $t_1$, $i_1$ gegeben und für eine durchzuführende Zustandsänderung der Wert $di/dx$ bekannt ist, so läßt sich nach Gl. (52) der Wärmeinhalt $i_2$ errechnen, wenn gefordert würde, daß nach durchgeführter Zustandsänderung der Wasserdampfgehalt gleich $x_2$ sein soll.

Für die Gültigkeit dieser Beziehungen ist Voraussetzung, daß die $i$- und die $x$-Leiter gleichschrittig sind. Zahlenmäßig gleiche Unterschiedsbeträge für $\Delta i$ — und auch für $\Delta x$ — müssen auf den betreffenden Leitern durch eine bestimmte Länge $l_1 \Delta i$ — bzw. $l_2 \Delta x$ — dargestellt werden, unabhängig davon, an welcher Stelle der Leiter sie liegen. Das ist bei ungleichschrittigen Leitern nicht der Fall. Es ist also lediglich in der $i$-$x$-Fluchtentafel möglich, diese Beziehungen darzustellen. Weder

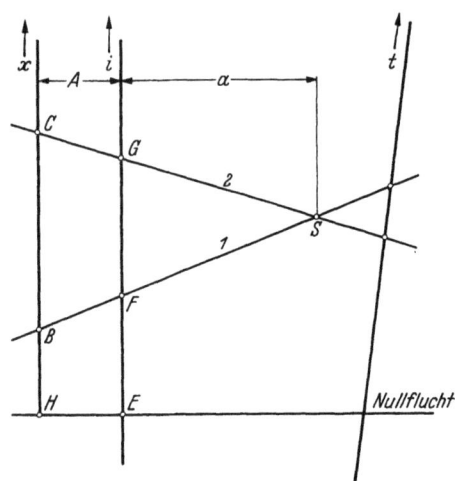

Abb. 7. Die $D$-Linien.

in den logarithmischen Tafeln noch in der $i$-$t$-Tafel ist der Wert $di/dx$ wiederzugeben, da entweder die $i$- und die $x$-Leiter, oder nur die $x$-Leiter ungleichschrittig sind. Dies ist der Grund, weshalb diese letzteren Tafeln nicht allgemein, sondern nur für gewisse Sonderzwecke brauchbar sind.

In Gl. (52) sei der Zahlenwert von $di/dx$ mit $D$ bezeichnet

$$\frac{di}{dx} = D. \tag{53}$$

In Abb. 7 ist

$$l_1 i_1 = EF; \qquad l_2 x_1 = HB,$$
$$l_1 i_2 = EG; \qquad l_2 x_2 = HC,$$

wobei $l_1$ und $l_2$ die Maßstäbe der $i$- und $x$-Leitern sind. Dann gilt

$$\frac{l_1 \cdot (i_2 - i_1)}{l_2 \cdot (x_2 - x_1)} = \frac{l_1 i_2 - l_1 i_1}{l_2 x_2 - l_2 x_1} = \frac{EG - EF}{HC - HB} = \frac{GF}{BC}.$$

Aus den geometrischen Beziehungen der Abb. 7 ergibt sich aber

$$\frac{GF}{BC} = \frac{a}{A + a},$$

also auch

$$\frac{a}{A + a} = \frac{l_1}{l_2} \cdot \frac{i_2 - i_1}{x_2 - x_1} = \frac{l_1}{l_2} \cdot \frac{di}{dx} = \frac{l_1}{l_2} \cdot D,$$

$$a = \frac{AD}{\frac{l_2}{l_1} - D}. \tag{54}$$

Wenn die $i$- und $x$-Leitern gleichschrittig sind, ist die Entfernung $a$ ein Maß für den Ausdruck $di/dx$, oder, mit anderen Worten, einer im Abstande $a$ zur $i$-Leiter gezogenen Parallelen ist der Zahlenwert $D$ zuzuordnen.

In jeder $i$-$x$-Fluchtentafel, von der die Maßstäbe $l_2$ und $l_1$ und der Abstand $A$ der Leitern bekannt sind, lassen sich die Linien für alle gleichbleibenden Werte $di/dx$ entsprechend der Gl. (54) einzeichnen. Dies ist in den Tafeln 1 und 2 geschehen. Aus Zweckmäßigkeitsgründen wurden nur die Linien für die $D$-Werte von 0 bis 100 eingezeichnet, für die übrigen Werte wurden auf dem Rande oben und unten die Entfernungen $a$ aufgetragen und mit den Zahlenwerten von $D$ beziffert, so daß es möglich ist, für jeden auf der Tafel vorhandenen Zahlenwert von $D$ sofort die Parallele zur $i$-Leiter durch Verbinden der entsprechenden Punkte des Randmaßstabes zu ziehen.

Für $D=0$ erhält man die $i$-Leiter selbst, für $D=+\infty$ und $D=-\infty$ die $x$-Leiter. Es ist also hier zu sehen, daß die Zustandsänderungen mit unveränderlichem Wärmeinhalt bzw. Wassergehalt tatsächlich Sonderfälle sind, wie oben behauptet wurde.

Die Linie $D=l_2/l_1$ liegt stets im Unendlichen; positive Werte von $D$ liegen bis zur Größe $D=l_2/l_1$ rechts von der $i$-Leiter, die darüber hinausgehenden Werte bis $+\infty$ links von der $x$-Leiter. Die negativen Werte von 0 bis $-\infty$ liegen zwischen den beiden Leitern.

Es könnte als ein gewisser Mangel angesehen werden, daß für eine kleine Zahl von $D$-Werten die Linien außerhalb der Tafel liegen. Durch die Wahl der Maßstäbe $l_1$ und $l_2$ kann es aber eingerichtet werden, daß dieser Fall nur solche Werte betrifft, die im allgemeinen nicht gebraucht werden. Außerdem sind aber in beiden Tafeln noch Maßstäbe für $D$-Werte, die außerhalb der Tafel liegen, angegeben, so daß der Randmaßstab, wenn eine genügend große Zeichenfläche vorhanden ist, auch über die Tafel hinaus nach links und rechts verlängert werden kann.

## 3. Die $\varphi$-Tafel.

Es liegt nahe, auch eine Fluchtentafel für die Ermittlung der relativen Feuchtigkeit $\varphi$ bei verschiedenen Drücken zu entwerfen. Nach den weiter oben ausgeführten Entwicklungen ist

$$\varphi = \frac{h_W}{h_{W_s}} \tag{29}$$

und

$$h_W = \frac{x}{x+0{,}622} \cdot h \, . \tag{31}$$

Zweckmäßigerweise wird man jede dieser Gleichungen in einer Fluchtentafel darstellen und diese auf demselben Blatt so vereinen, daß sie die $h_W$-Leiter gemeinsam haben. Dies ist durchführbar, weil beide Leitern gleichschrittig sind.

Für einen gegebenen Luftzustand läßt sich aus der $i$-$x$-Fluchtentafel der Wassergehalt $x$ ablesen; der Gesamtdruck $h$ sei auch bekannt. Dann läßt sich entsprechend der Gl. (31) der Teildruck des Wasserdampfes $h_W$ ermitteln.

Bei der $\varphi$-Fluchtentafel ist es zweckmäßig, die parallelen, gleichschrittigen Leitern gegenläufig zu wählen (Abb. 8), da anderenfalls sich sehr ungünstig liegende Tafeln ergeben.

Es sei ähnlich wie bei den vorhergehenden Ableitungen

$$u = l_1 f_1(\alpha) = l_1 h_W, \tag{55a}$$
$$v = l_2 f_2(\beta) = l_2 h_{W_s}, \tag{55b}$$
$$w = l_3 f_3(\gamma) = l_3 \varphi. \tag{55c}$$

Fällt man in Abb. 8 von dem Nullpunkt der $h_W$-Leiter eine Senkrechte auf die $h_{W_s}$-Leiter, so schneidet sie auf dieser den Wert $l_2 F_2$ ab. Setzt man diesen Wert in die Gl. (29) ein, so ergibt sich

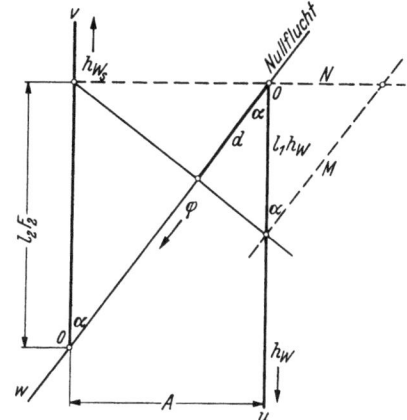

Abb. 8. Die $\varphi$-Tafel (Schema).

$$\varphi = \frac{1}{l_2 F_2} \cdot h_W \, . \tag{29a}$$

Diese Gleichung besagt, daß die $\varphi$-Leiter von dem Fußpunkt der Senkrechten her projektiv ist. Die Leiter selbst liegt auf der Nullflucht, d. h. auf der Verbindungslinie der Nullpunkte der $h_W$- und $h_{W_s}$-Leitern. Es sei durch den Punkt $l_2 h_{W_s} = l_2 F_2$, den Fußpunkt der Senkrechten, eine beliebige Flucht gelegt, und durch deren Schnittpunkt mit der $h_W$-Leiter eine Parallele zur $\varphi$-Leiter. Dann ist

$$\frac{d}{M} = \frac{A}{A+N}$$

$$\operatorname{tg}\alpha = \frac{A}{l_2 F_2}, \tag{56a}$$

$$\sin\alpha = \frac{N}{M}, \tag{56b}$$

$$\cos\alpha = \frac{l_1 h_W}{M}, \tag{56c}$$

$$d = \frac{A \cdot M}{A+N} = \frac{A \cdot l_1 h_W}{\cos\alpha} \cdot \frac{1}{A + \frac{l_1 h_W}{\cos\alpha} \cdot \sin\alpha} = \frac{A \cdot l_1 h_W}{A \cos\alpha + l_1 h_W \cdot \sin\alpha} \, .$$

Für den Punkt, der als Projektionszentrum gewählt wurde, ist $h_{W_s} = F_2$, also
$$h_W = \varphi \cdot F_2,$$

und somit

$$d = \frac{A \cdot l_1 \cdot F_2 \cdot \varphi}{A \cos\alpha + l_1 \sin\alpha \cdot F_2 \cdot \varphi}. \tag{57}$$

Sind $l_1$, $l_2$ und $A$ festgelegt, so läßt sich für jeden Wert von $\varphi$ ($\varphi = 0 \ldots 100$ vH) die Länge $d$ errechnen, die auf der Nullflucht von $h_W = 0$ aus aufgetragen die einzelnen Punkte der $\varphi$-Leiter ergibt.

Nach dem gleichen Schema werden die der Gl. (31) entsprechenden Leitern bestimmt. Es sei zunächst gesetzt:

$$Y = \frac{x}{x + 0{,}622}. \tag{43}$$

Dann gilt entsprechend der Gl. (57)

$$d = \frac{A \cdot l_1 \cdot F_2 \cdot Y}{A \cos\alpha + l_1 \sin\alpha \cdot F_2 \cdot Y}. \tag{58}$$

Jedem Wert $x$ ist ein Wert $Y$ zugeordnet, so daß jedes $d$ eindeutig bestimmt ist. An die Leiter werden zweckmäßigerweise nicht die Werte $Y$, sondern $x$ angeschrieben. Für die zahlenmäßige Berechnung der $\varphi$- und der $x$-Leitern lassen sich die Gl. (57) und (58) noch weiter vereinfachen.

Da der Sättigungsdruck des Wasserdampfes $h_{W_s}$ allein schon durch die Temperatur, die Sättigungstemperatur $t_s$, bestimmt ist,

$$h_{W_s} = f(t_s), \tag{59}$$

so kann an die entsprechenden Werte der $h_{W_s}$-Leiter auch die Sättigungstemperatur angeschrieben werden. Die $h_{W_s}$-Leiter trägt dann zwei einander entsprechende Maßstäbe.

In dieser Weise wurden die Tafeln 3, 4 und 5 entworfen. Die Tafel 3 ist benutzbar für tiefste Temperaturen und bis $x = 0{,}01$ kg/kg, Tafel 4 bis $x = 0{,}1$ kg/kg und Tafel 5 bis $x = 0{,}3$ kg/kg. Für Sättigungstemperaturen über 73° C muß der Zahlenwert des Sättigungsdruckes aus den Dampftabellen abgelesen werden; durch Division des aus den Tafeln zu entnehmenden Wertes für $h_W$ durch diesen $h_{W_s}$-Wert ergibt sich dann die relative Feuchtigkeit $\varphi$. Es ist nicht zweckmäßig, den Maßstab so zu wählen, daß auch diese höchsten Sättigungsdrücke enthalten sind, da eine derartige Tafel für die meist vorkommenden Werte nicht brauchbar wäre.

Für Temperaturen unter 0° C sind die Sättigungsdrücke über Eis aufgetragen; in der Tafel 3 sind auch in einem besonderen Maßstab die Sättigungsdrücke über unterkühltem Wasser angegeben. In diesem Falle muß der Sättigungsdruck für die betreffende Temperatur in dem Maßstab abgelesen und in die $h_{W_s}$-Leiter übertragen werden.

Für $\varphi = 100$ vH ist $h_W = h_{W_s}$, also $h_W = f(t_s)$. Es ist zweckmäßig, auch auf der $h_W$-Leiter die $t_s$-Werte aufzutragen, eingeklammerte Werte; sie gelten dann nur für $\varphi = 100$ vH und vereinfachen für diesen Fall die Benutzung der Tafeln.

Setzt man weiterhin für $h$ den Festwert $h = 760$ mm QS ein, so ist für $\varphi = 100$ vH der Sättigungswassergehalt $x_s$ nur noch abhängig von der Temperatur. Es ist unter diesen beiden Annahmen möglich, auch an die $x$-Leiter der $i$-$x$-Tafel die $t_s$-Werte anzuschreiben, eingeklammerte Werte in den Tafeln 1 und 2. Sie gelten aber lediglich unter der Voraussetzung, daß $\varphi = 100$ vH und $h = 760$ mm QS ist. Welche Vorteile sich hierdurch für viele Konstruktionen ergeben, soll weiter unten erörtert werden.

**Beispiel 1.** Wie groß ist die relative Feuchtigkeit $\varphi$ feuchter Luft von $t = +15°$ C, $x = 0{,}008$ kg/kg, $h = 740$ mm QS?
Tafel 3: Die Flucht vom Punkt $h = 740$ mm QS ($h$-Leiter) zum Punkt $x = 0{,}008$ kg/kg ($x$-Leiter) schneidet die $h_W$-Leiter in dem zugehörigen Punkt $h_W$ (Teildruck des Wasserdampfes), dessen Zahlenwert nicht abgelesen zu werden braucht. Die Verbindung dieses Punktes mit dem Punkt $t_s = 15°$ C auf der $t_s$-Leiter zeigt auf der $\varphi$-Leiter den gesuchten Wert $\varphi = 73{,}5$ vH, da die relative Feuchtigkeit $\varphi$ nach Gl. (29) als das Verhältnis des tatsächlich vorhandenen Wasserdampfteildruckes zum Sättigungsdruck des Wasserdampfes von gleicher Temperatur bestimmt ist. Sättigungsdruck $h_{W_s}$ und Sättigungstemperatur $t_s = t$ sind nach Gl. (59) einander zugeordnet und in der Tafel an der gleichen Leiter aufgetragen. Es ist daher nicht notwendig, den Zahlenwert von $h_{W_s}$ zu bestimmen.

**Beispiel 2.** $t = +35°$ C, $\varphi = 60$ vH, $h = 715$ mm QS, $x = ?$
Tafel 4: Die Verbindungslinie des Punktes $t_s = t = 35°$ C auf der $t_s$-Leiter mit $\varphi = 60$ vH auf der $\varphi$-Leiter zeigt den zugehörigen Wert $h_W$ auf der $h_W$-Leiter an. Die Verbindungslinie dieses $h_W$-Punktes mit $h = 715$ mm QS ($h$-Leiter) schneidet die $x$-Leiter im gesuchten Wert, $x = 0{,}0228$ kg/kg.

**Beispiel 3.** Gesättigte Luft von $-5°$ C bei $h = 735$ mm QS, $x = ?$
Tafel 3: Da beim Sättigungszustand $h_W = h_{W_s}$ ist und für diesen Fall die an der $h_W$-Leiter stehenden eingeklammerten Werte von $(t_s)$ gelten, braucht nur der Punkt $(t_s) = (-5°$ C) auf dieser Leiter mit dem Punkt $h = 735$ mm QS der $h$-Leiter verbunden zu werden. Der Schnittpunkt mit der $x$-Leiter zeigt $x = 0{,}00256$ kg/kg.

**Beispiel 4.** Gesättigte Luft von $+20°$ C bei 760 mm QS. $x = ?$
Für Sättigung und 760 mm QS kann der gesuchte $x$-Wert aus den Tafeln 1 bzw. 2 entnommen werden, da für diesen Fall die $(t_s)$-Werte an der $x$-Leiter gelten. Die $\varphi$-Tafeln brauchen nicht benutzt zu werden. $x = 0{,}0147$ kg/kg.

Vgl. hierzu auch S. 19.

## 4. Die $\psi$-Tafel.

Wenn man auch Tafeln für die Ermittlung des Sättigungsgrades $\psi$ entwerfen wollte, wären folgende Gleichungen zugrunde zu legen:

$$\psi = \frac{x}{x_s} \tag{37}$$

und

$$\frac{h_{W_s}}{h} = \frac{x_s}{x_s + 0{,}622}. \tag{31a}$$

Beiden Gleichungen gemeinsam ist $x_s$, so daß $x_s$ auch als gemeinsame Leiter einzuführen wäre. Das ist jedoch nur dann möglich, wenn beide $x_s$-Leitern gleichschrittig sind. Aus Gl. (31a) ergibt sich die $x_s$-Leiter aber als ungleichschrittige Leiter.

Außerdem bringt die Einführung des Sättigungsgrades $\psi$ nur dann Vorteile, wenn Tafeln, die eine einfache Ermittlung der relativen Feuchtigkeit $\varphi$ gestatten, nicht vorhanden sind. Hinzu kommt noch, daß dann bei der Benutzung von meteorologischen Angaben über die relative Feuchtigkeit $\varphi$ der Unterschied zwischen $\psi$ und $\varphi$ vernachlässigt werden müßte. Bei der Anwendung der Tafeln 3...5 dagegen treten solche Nachteile nicht auf. Es kann daher davon abgesehen werden, $\psi$-Tafeln zu entwerfen.

## 5. Die $\gamma$-Tafel.

In vielen Fällen ist es wichtig, das spezifische Gewicht der feuchten Luft oder auch ihr Volumen zu kennen. Die rechnerische Ermittlung dieser Größen ist jedoch ziemlich umständlich. Aus diesem Grunde ist es vorteilhaft, auch solche Fluchtentafeln zu entwerfen, aus denen die drei Größen: Volumen $V$, spezifisches Volumen $v$ und spezifisches Gewicht $\gamma$ für den jeweils vorhandenen Luftzustand entnommen werden können. Zweckmäßig werden auch für diese Größen Fluchtentafeln mit numerischen Leitern gewählt.

Es sind die Gl. (42c), (26), (27) und (28) darzustellen:

$$3{,}4613\, t + 945{,}63 = \frac{h \cdot V}{x + 0{,}622}, \tag{42c}$$

$$h = \frac{h \cdot V}{V}, \tag{26}$$

$$v = \frac{V}{1 + x} \tag{27}$$

und

$$\gamma = \frac{1}{v} = \frac{1 + x}{V}. \tag{28}$$

Wenn aus der $i$-$x$-Tafel die Größen $t$ und $x$ entnommen werden, wird man gemäß der Gl. (42c) die Größe $h \cdot V$ ermitteln. Ist auch der Gesamtdruck $h$ bekannt, so kann dann aus Gl. (26) das Volumen $V$ von $1 + x$ kg Gemisch bestimmt werden. Hieraus ergibt sich durch Division mit $1 + x$ das spezifische Volumen $v$. Dieses ist, wie Gl. (28) zeigt, der Kehrwert des spezifischen Gewichtes $\gamma$.

In gleicher Entwicklung soll auch die Fluchtentafel dargestellt werden.

Gemäß Gl. (42c) sind $h \cdot V$ und $x + 0{,}622$ in je einer gleichschrittigen und $3{,}4613\, t + 945{,}63$ in einer ungleichschrittigen Leiter wiederzugeben.

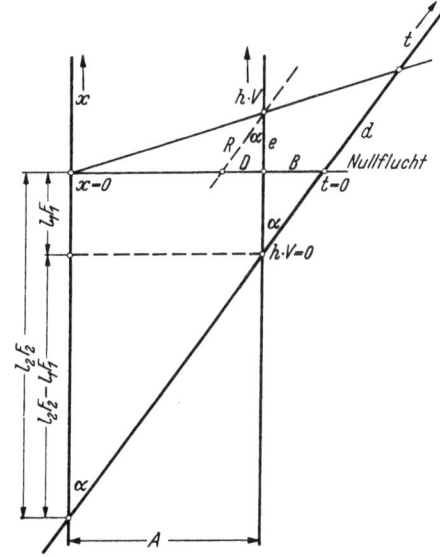

Abb. 9. Die Leitern für $x$, $t$ und $h \cdot V$ in der $\gamma$-Tafel (Schema).

Um eine günstige Lage der Leitern zu erreichen, sollen sie so gelegt werden, daß die Werte $t = 0$ und $x = 0$ auf einer zu den beiden parallelen Leitern senkrechten Flucht liegen (Abb. 9). Diese Flucht schneidet dann die $h \cdot V$-Leiter im Punkt $h \cdot V = 0{,}622 \cdot 945{,}63 = 588{,}15 = F_1$.

Auch hier ergibt sich, ebenso wie bei der $i$-$x$-Tafel (vgl. Abb. 5), daß die $t$-Leiter von $x = 0$ her projektiv ist. Da aber der Nullpunkt der $h \cdot V$-Leiter nicht auf der Nullflucht, sondern um $l_1 F_1$ tiefer liegt, ist die Strecke

$$e = l_1 (h V - F_1).$$

In gleicher Weise wie bei der $i$-$x$-Tafel ergibt sich auch hier:

$$\operatorname{tg} \alpha = \frac{A}{l_2 F_2 - l_1 F_1} \tag{49}$$

und

$$d = \frac{A + l_1 F_1 \cdot \operatorname{tg} \alpha}{A - e \cdot \operatorname{tg} \alpha} \cdot \frac{e}{\cos \alpha}. \tag{60}$$

Für $x = 0$ ist nach Gl. (42c)

$$h \cdot V = 0{,}622 \cdot 3{,}4613\, t + F_1,$$
$$h \cdot V - F_1 = 2{,}1528\, t,$$
$$d = \frac{A + l_1 F_1 \cdot \operatorname{tg} \alpha}{A - l_1 \cdot 2{,}1528\, t \cdot \operatorname{tg} \alpha} \cdot \frac{l_1 \cdot 2{,}1528\, t}{\cos \alpha}. \tag{60a}$$

Ähnliches gilt auch für den Entwurf der Leitern nach Gl. (26). Als Leiter für $h \cdot V$ soll die bereits für diese Größe entworfene benutzt werden. Um eine übersichtliche Tafel zu erhalten, sollen die Leitern so gelegt werden, daß die ungleichschrittige $h$-Leiter auf der linken Seite des Blattes liegt.

Es ergibt sich, daß die $h$-Leiter von jedem Punkt der $V$-Leiter her projektiv ist; als Projektionszentrum soll der Punkt gewählt werden, der dem Schnittpunkt der $h$-Leiter mit der $h \cdot V$-Leiter gegenüberliegt (Abb. 10).

Der Wert $V$ im Projektionszentrum sei $F_2$ genannt. Dann ist

$$\text{tg } \alpha = \frac{A}{l_2 F_2}, \qquad (49\text{a})$$

da $F_1 = 0$ ist. Der Festwert $F_2$ ist frei wählbar, d. h. die $V$-Leiter läßt sich in sich verschieben. Er soll für die zu entwerfenden Tafeln so gewählt werden, daß sich eine günstige Lage der $h$-Leiter ergibt. Dann ist in Abb. 10:

$$\cos \alpha = \frac{R}{d}, \qquad \text{tg } \alpha = \frac{P}{R}, \qquad \frac{R}{l_1 \cdot hV} = \frac{A+P}{A} = 1 + \frac{R \cdot \text{tg } \alpha}{A}, \qquad R = \frac{A \cdot l_1 hV}{A - l_1 hV \cdot \text{tg } \alpha}.$$

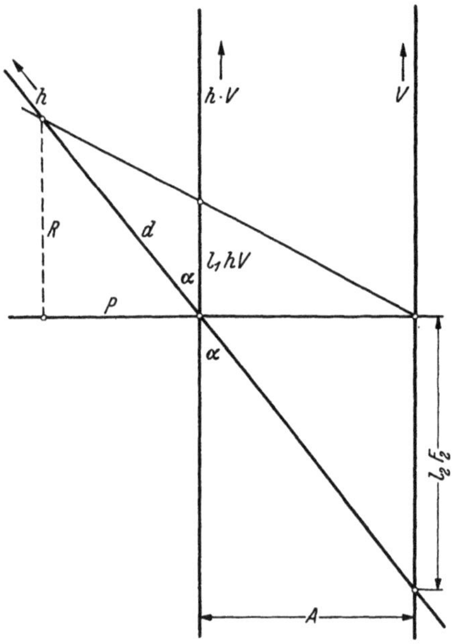

Da für das Projektionszentrum $V = F_2$ ist, gilt

$$d = \frac{A \cdot l_1 \cdot h \cdot F_2}{\cos \alpha (A - l_1 \cdot h \cdot F_2 \cdot \text{tg } \alpha)}. \qquad (61)$$

Für den Entwurf der letzten drei zusammengehörigen Leitern ($V$, $1+x$ und $v$ bzw. $\gamma$) gilt folgendes:

Die $v$- und die $\gamma$-Leitern werden auf einem Leiterträger verzeichnet; für jeden Punkt der einen Leiter läßt sich der zugehörige Wert der anderen aus der Gleichung

$$\gamma = \frac{1}{v} \qquad (28)$$

errechnen.

Die $V$-Leiter ist bereits in der Tafel vorhanden. Die $(1+x)$-Leiter neu zu verzeichnen, wäre denkbar, zweckmäßiger ist aber, die bereits gezeichnete $x$-Leiter hierfür zu verwenden. Die tatsächlichen Nullpunkte dieser beiden Leitern sind jedoch dann um die Einheit gegeneinander verschoben. Da negative Werte von $x$ nicht vorkommen können, ist es nicht erforderlich, die $(1+x)$-Leiter bis zu ihrem Nullpunkt darzustellen, auch sie kann im Punkte $x = 0$, d. h. also $1 + x = 1$, beginnen. Durch diese Maßnahme wird nicht nur die Übersichtlichkeit der Tafel insofern erhöht, als eine Leiter weniger vorhanden ist, sondern auch der Gebrauch wesentlich vereinfacht, da dann ein Verwechseln der beiden Leitern, das stets eine völlig falsche Rechnung bedingen würde, vermieden wird.

Abb. 10. Die Leitern für $h \cdot V$, $h$ und $V$ in der $\gamma$-Tafel (Schema).

Die Berechnung der Zahlenwerte der $v$-Leiter geschieht in gleicher Weise wie für die $h$-Leiter [vgl. Gl. (61)]. Es ist jedoch darauf zu achten, daß einige Festwerte, die sich aus der Festsetzung ergeben, daß die bereits vorhandene $x$-Leiter als $(1+x)$-Leiter benutzt werden soll, auch richtig ermittelt werden.

In dieser Weise wurden zwei verschiedene Tafeln entworfen; die eine für einen Temperaturbereich von $-50 \cdots +50°$ C (Tafel 6), und die andere bis $320°$ C (Tafel 7). Es war allerdings nicht möglich, die $h$-Leitern in dem ganzen Bereich von $300 \ldots 1000$ mm QS zu verzeichnen, da sonst die Maßstäbe für die $x$- und $t$-Leitern so klein hätten angenommen werden müssen, daß die erwünschte Ablesegenauigkeit bei weitem nicht zu erreichen gewesen wäre. Es wurde daher auf die äußersten $h$-Werte verzichtet und nur ein engerer Bereich verzeichnet, der jedoch für die meisten Fälle vollkommen genügen wird.

Die Benutzung dieser Fluchtentafeln ist in den Skizzen auf den Tafeln 6 und 7 erläutert. Im allgemeinen wird es sich darum handeln, das Volumen $V$, das spezifische Volumen $v$ oder das spezifische Gewicht $\gamma$ zu ermitteln. Dazu müssen die Zahlenwerte von $h$, $t$ und $x$ bekannt sein, bzw. aus einer Fluchten- oder einer Molliertafel abgelesen werden. Aus zwei bekannten Werten, die auf den entsprechenden Leitern aufgesucht werden, ergibt sich stets durch Verbinden der beiden Punkte durch eine Flucht eine noch unbekannte Größe auf der dritten Leiter. Entsprechend der Gl. (42c) gehören die $t$-, $x$- und $h \cdot V$-Leitern zusammen. Aus den Werten für $t$ (Punkt 1) und $x$ (Punkt 2) ergibt sich zunächst $h \cdot V$ (Punkt 3), dessen Zahlenwert nicht abgelesen zu werden braucht. Zur $h \cdot V$-Leiter gehören entsprechend der Gl. (26) noch die $h$-Leiter und die $V$-Leiter. Da der Zahlenwert für $h$ (Punkt 4) bekannt ist, läßt sich durch Verbinden der Punkte 3 und 4 das Volumen $V$ ermitteln (Punkt 5). Die $x$-Leiter gilt, wie schon ausgeführt, auch für den Wert $1 + x$; die Verbindung der Punkte 5 und 2 ergibt also auf der $v$- und $\gamma$-Leiter den Punkt 6, in dem das spezifische Volumen $v$ und das spezifische Gewicht $\gamma$ abgelesen werden können.

Es sei hier ausdrücklich hervorgehoben, daß die $\gamma$-Tafeln, ebenso wie die $\varphi$-Tafeln, nicht allein neben den Tafeln 1 und 2, sondern ebensogut neben den Mollier-$i$-$x$-Tafeln benutzt werden können, für die sie eine willkommene Ergänzung sind.

**Beispiel 5.** (vgl. auch die schematischen Darstellungen auf den Tafeln 6 und 7).
Wie groß ist bei einem Gesamtdruck $h = 760$ mm QS das spezifische Volumen und das spezifische Gewicht der feuchten Luft von $t = 18,5°$ C und $x = 0,012$ kg/kg?
Tafel 6. Die Flucht vom Punkt $t = 18,5°$ C ($t$-Leiter) zum Punkt $x = 0,012$ kg/kg ($x$-Leiter) ergibt auf der $h \cdot V$-Leiter den zugehörigen Punkt. Die Verbindungslinie dieses Punktes mit $h = 760$ mm QS ($h$-Leiter) zeigt auf der $V$-Leiter das Volumen $V$ derjenigen Menge feuchter Luft an, deren Reinluftanteil 1 kg wiegt. Die Flucht von $x = 0,012$ kg/kg zu dem ermittelten $V$-Wert schneidet die $v$- bzw. $\gamma$-Flucht in den gesuchten Werten, $v = 0,832$ m³/kg, $\gamma = 1,201$ kg/m³. Die Zahlenwerte für $h \cdot V$ und $V$ brauchen nicht abgelesen zu werden.

**Beispiel 6.** $t = 247°$ C, $x = 0,135$ kg/kg, $h = 710$ mm QS, $v = ?$, $\gamma = ?$
Die Werte für $v$ und $\gamma$ lassen sich aus der Tafel 7 in gleicher Weise wie beim Beispiel 5 bestimmen, der Gang der Ermittlung ist auch aus der schematischen Darstellung auf Tafel 7 zu ersehen. $v = 1,691$ m³/kg, $\gamma = 0,5912$ kg/m³.

**Beispiel 7.** $t = 35°$ C, $\varphi = 60$ vH, $h = 715$ mm QS, $v = ?$, $\gamma = ?$
Tafel 6. Da die Wasserdampfmenge $x$ unbekannt ist, muß sie zunächst aus der Tafel 4 ermittelt werden, vgl. Beispiel 2 auf S. 14. Mit dem so gefundenen Wert $x = 0,0228$ kg/kg lassen sich das spezifische Volumen und das spezifische Gewicht ebenso wie bei den Beispielen 5 und 6 bestimmen. $v = 0,941$ m³/kg, $\gamma = 1,063$ kg/m³.

# E. Die Bedeutung der Fluchtentafeln und ihre Benutzung.

## 1. Die verschiedenen Zustandsänderungen.

Es ist bereits ausgeführt worden, daß jede Zustandsänderung feuchter Luft durch ihren Wert

$$\frac{di}{dx} = D \tag{53}$$

gekennzeichnet ist. Durch die Größe des Zahlenwertes $D$ ist festgelegt, wie die Zustandsänderung verläuft; dies gilt immer unter der Voraussetzung, daß der Gesamtdruck $h$ unveränderlich ist. Anderenfalls läßt sich die Zustandsänderung überhaupt nicht in $i$-$x$-Tafeln verfolgen, es müssen dann Entropietafeln zu Hilfe genommen werden.

Die Unveränderlichkeit des Gesamtdrucks $h$ bedeutet jedoch nicht, daß die vorliegenden Fluchtentafeln lediglich für einen einzigen Gesamtdruck (z. B. 760 mm QS) brauchbar seien; im Gegenteil, sie sind gerade so entworfen worden, daß sie für die verschiedensten Gesamtdrucke benutzbar sind. Nur darf sich der Gesamtdruck während der zu betrachtenden Zustandsänderung selbst nicht verändern.

Bei einer Zustandsänderung kann entweder Wärme von der Luft aufgenommen oder abgegeben werden, ebenso kann eine Wasseraufnahme oder eine Wasserabgabe stattfinden. Außerdem kann der eine oder der andere Wert unverändert bleiben. Für all diese Fälle ist es wichtig, den $D$-Wert zu betrachten. Mit dem Zeichen $+$ sei die Aufnahme, mit $-$ die Abgabe, mit $0$ die Unveränderlichkeit bezeichnet, dann sind die acht Fälle der Zahlentafel 3 denkbar.

Es ist schon gezeigt worden, daß sich alle zwischen $-\infty$ und $+\infty$ liegenden $D$-Werte in der $i$-$x$-Fluchtentafel darstellen lassen. Jedem $D$-Wert ist eine Parallele zur $i$-Leiter zugeordnet. Die positiven Werte liegen rechts von der $i$-Leiter und links von der $x$-Leiter, die negativen zwischen beiden Leitern, und die Leitern selbst gelten für die Werte $D = 0$ ($i$-Leiter) und $D = -\infty$ $= +\infty$ ($x$-Leiter). Einige wenige $D$-Linien liegen allerdings stets außerhalb der Fluchtentafeln, für diese Werte lassen sich aber Hilfskonstruktionen angeben.

Zahlentafel 3.

|    | Wärme | Wasser | D |
|----|-------|--------|---|
| 1. | $+$   | $+$    | $+$ |
| 2. | $-$   | $+$    | $-$ |
| 3. | $+$   | $-$    | $-$ |
| 4. | $-$   | $-$    | $+$ |
| 5. | $+$   | $0$    | $+\infty$ |
| 6. | $-$   | $0$    | $-\infty$ |
| 7. | $0$   | $+$    | $0$ |
| 8. | $0$   | $-$    | $0$ |

Als Zustandsänderungen besonderer Art können auch die Mischungsvorgänge angesehen werden, bei denen zwei Luftmengen verschiedenen Zustandes beteiligt sind. Dieser Fall läßt sich nicht in die Übersicht Zahlentafel 3 einordnen, wo nur Zustandsänderungen verzeichnet sind, bei denen der Zustand einer Luftmenge verändert wird.

## 2. Mischen zweier Luftmengen verschiedenen Zustandes.

Es seien zwei Luftmengen ($t_1$, $x_1$, $i_1$ und $t_2$, $x_2$, $i_2$) vorhanden; ihre Mengen seien so groß, daß die Reinluftanteile $R_1$ bzw. $R_2$ kg betragen. Der Reinluftanteil des Gemisches ist dann $R_1 + R_2$ kg und das Mischungsverhältnis $R_2/R_1 = n$.

Für den Wärmeinhalt $i_3$ des Gemisches gilt

$$R_1 \cdot i_1 + R_2 \cdot i_2 = (R_1 + R_2) \cdot i_3 , \tag{62}$$

$$i_1 + n i_2 = (1 + n) \cdot i_3 ,$$

$$-(i_3 - i_1) = n i_3 - n i_2 = n (i_3 - i_2) , \tag{62a}$$

$$i_3 = \frac{i_1 + n i_2}{1 + n} \tag{62b}$$

und für den Wassergehalt $x_3$ des Gemisches:

$$R_1 \cdot x_1 + R_2 \cdot x_2 = (R_1 + R_2) \cdot x_3 , \tag{63}$$

$$x_1 + n x_2 = (1 + n) \cdot x_3 ,$$

$$-(x_3 - x_1) = n \cdot (x_3 - x_2) , \tag{63a}$$

$$x_3 = \frac{x_1 + n x_2}{1 + n} . \tag{63b}$$

Durch Division der Gl. (62a) und (63a) ergibt sich

$$\frac{i_3 - i_1}{x_3 - x_1} = \frac{i_3 - i_2}{x_3 - x_2} . \tag{64}$$

Gemäß Gl. (52) sind dies Zustandsänderungen vom Zustand 1 bzw. 2 nach dem Zustand 3 (Abb. 11). Die Gl. (64) besagt ferner, daß der $D$-Wert dieser beiden Zustandsänderungen gleich sein soll. Es war

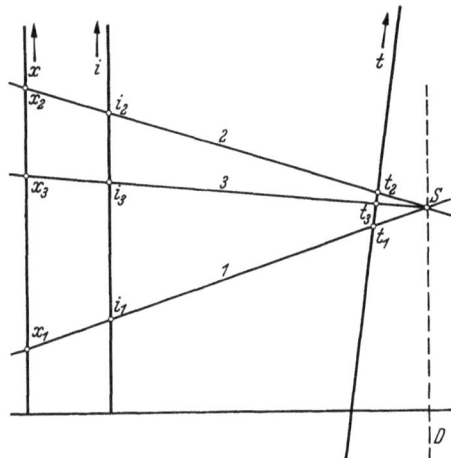

Abb. 11. Mischen zweier Luftmengen verschiedenen Zustandes.

schon weiter oben gezeigt worden, daß sich in der $i$-$x$-Fluchtentafel eine Zustandsänderung als eine Drehung um den Schnittpunkt der Anfangs- und Endflucht darstellt. Es ist gleichgültig, ob man sich den Zustand 3 durch Beimischen von 2 zu 1 oder von 1 zu 2 entstanden denkt; er ist bei gegebenem Mischungsverhältnis und bei gegebenen Luftzuständen 1 und 2 in beiden Fällen gleich. Daher müssen sich die drei Fluchten 1, 2 und 3 (Abb. 11) in einem Punkte schneiden.

Beim Mischen der Luftmengen vom Zustand 1 und 2 ist also die Bestimmung des Mischungszustandes sehr einfach. Es braucht nur der Schnittpunkt der beiden entsprechenden Fluchten aufgesucht und mit dem nach Gl. (62b) oder (63b) errechneten und in die Tafel übertragenen $i$- bzw. $x$-Wert verbunden zu werden.

**Beispiel 8.** Eine Menge feuchter Luft von $t_1 = 20°$ C, $x_1 = 0,008$ kg/kg, deren Reinluftanteil **1 kg** beträgt, wird mit einer Menge gesättigter Luft von $t_2 = 0°$ C vermischt, bei der der Reinluftanteil gleich 0,8 kg ist. $h = 760$ mm QS. Wie groß ist die Mischtemperatur $t_3$?

Die Fluchten für die gegebenen Luftzustände werden in der Tafel 1 verzeichnet. Für den Luftzustand 2 wird der Punkt $t_2 = 0$ auf der $t$-Leiter mit $(t_s) = (0)$ auf der $(t_s)$-Leiter verbunden, da gesättigte Luft von 760 mm QS vorliegt. — (Für jeden anderen Gesamtdruck wäre zuerst die Wasserdampfmenge $x_2 = x_s$ aus der Tafel 3 zu ermitteln [vgl. S. 14, Beispiel 3] und dieser Wert auf der $x$-Leiter der Tafel 1 aufzusuchen.) — Der Schnittpunkt der beiden Fluchten, der links von der $x$-Leiter liegt, wird mit dem Punkt $i_3$ verbunden, dessen Zahlenwert sich nach Gl. (62b) errechnen läßt, da die Werte $i_1$ und $i_2$ aus der Tafel abgelesen werden können. Diese Flucht stellt den Mischungszustand dar und zeigt auf der $t$-Leiter den gesuchten Wert $t_3$ an.

$$R_1 = 1 \text{ kg}, \qquad R_2 = 0,8 \text{ kg}, \qquad n = \frac{R_2}{R_1} = \frac{0,8}{1} = 0,8 ,$$

$$i_1 = 9,65 \text{ kcal/kg}, \qquad i_2 = 2,2 \text{ kcal/kg},$$

$$i_3 = \frac{i_1 + n i_2}{1 + n} = \frac{9,65 + 0,8 \cdot 2,2}{1 + 0,8} = 6,35 \text{ kcal/kg},$$

$$t_3 = 11,1° \text{ C (aus der Tafel)}.$$

Ob zweckmäßigerweise der Wert $i_3$ nach Gl. (62b) oder $x_3$ nach Gl. (63b) zu errechnen ist, hängt davon ab, mit Hilfe welches Punktes die größere Zeichengenauigkeit zu erreichen ist.

## 3. Erwärmung und Abkühlung ohne Kondensationserscheinungen.

Es seien zuerst die Fälle 5 und 6 der Zahlentafel 3 erörtert. Wenn der Wassergehalt unverändert bleiben soll, liegt entweder eine Erwärmung oder eine Abkühlung vor.

In der Fluchtentafel (Abb. 12) muß sich eine Erwärmung, die in einfacher Weise durch trockene Heizflächen zu bewirken ist, als eine Drehung um den Schnittpunkt der Flucht des vorliegenden Luftzustandes 1 mit der $x$-Leiter darstellen, denn der $x$-Wert soll sich ja nicht ändern. Im Idealfalle wird die Erwärmung so lange andauern, bis die Luft die Temperatur der Heizfläche $t_H$ angenommen hat.

Die Flucht wird sich mithin so lange drehen, bis sie durch den zur Temperatur $t_H$ gehörigen Leiterpunkt geht (Zustand 2).

**Beispiel 9.** $t_1 = 20°$ C, $\quad x_1 = 0{,}008$ kg/kg, $\quad t_H = t_2 = 56°$ C, $\quad i_2 - i_1 = \,?$
Tafel 1: $\quad i_1 = 9{,}65$ kcal/kg, $\quad i_2 = 18{,}45$ kcal/kg, $\quad i_2 - i_1 = 8{,}80$ kcal/kg.

In entsprechender Weise stellt sich eine Abkühlung dar, solange die ganze Wasserdampfmenge dampfförmig bleibt, also keine Kondensation auftritt. Hierzu muß vorausgesetzt werden, daß die Abkühlung entweder durch Strahlung herbeigeführt wird oder durch eine trockene Kühlfläche, deren Temperatur nicht unter dem noch näher zu bestimmenden Taupunkt der abzukühlenden feuchten Luft liegt.

Wenn in feuchter Luft von der Temperatur $t°$ C der Teildruck $h_W$ des Wasserdampfes mit dem Druck $h_{W_s}$ des gesättigten Wasserdampfes von $t°$ C übereinstimmt — dieser Wert kann beispielsweise aus den Dampftabellen entnommen werden —, so ist auch die feuchte Luft mit Wasserdampf gesättigt, sie befindet sich an ihrem „Taupunkt"; ihre Feuchtigkeit beträgt dann $\varphi = 100$ vH. Dieser Zustand wird unter den angegebenen Bedingungen bei fortschreitender Abkühlung erreicht werden. Wird die Abkühlung jedoch durch Kühlflächen bewirkt, deren Temperatur unterhalb des Taupunktes der feuchten Luft liegt, so verläuft der Vorgang anders, wie weiter unten auszuführen sein wird.

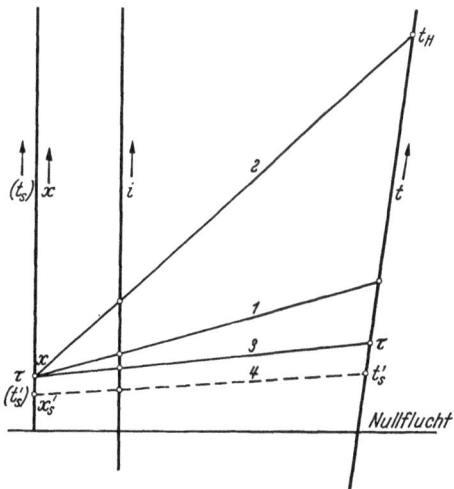

Abb. 12. Erwärmung und Abkühlung bei gleichbleibendem Wasserdampfgehalt $x$.

Die Zustandsgrößen des Taupunktes sind für jeden beliebigen Gesamtdruck $h$ aus den $\varphi$-Tafeln (Tafeln 3…5) zu ermitteln. Der Taupunkt wird durch Fluchten dargestellt, wie sie in der Abb. 13 wiedergegeben sind. Zu jeder Temperatur gehört ein und nur ein Sättigungsdruck $h_{W_s}$ für $t = t_s$. Da der Gesamtdruck $h$ bekannt ist und bei Sättigung die relative Feuchtigkeit $\varphi = 100$ vH beträgt, ist die Lage der beiden Fluchten bestimmt (vgl. auch Beispiel 3 auf S. 14).

Wenn beispielsweise ermittelt werden soll, bis zu welcher Temperatur ein Wasserdampf-Luft-Gemisch sich durch Strahlung abkühlen darf, ohne daß sich Wasser niederschlägt, so ist festzustellen, wie hoch die Temperatur des Taupunktes für dieses Gemisch ist. Im Taupunkt ist $x = x_s$; es muß also der Wasserdampfgehalt $x = x_s$ auf der $x$-Leiter aufgetragen (Punkt $r$) und mit dem Punkt $q$ auf der $h$-Leiter verbunden werden, der den vorhandenen Gesamtdruck darstellt. Diese Flucht zeigt auf der $h_W$-Leiter den zugehörigen Teildruck $h_W$ des Wasserdampfes an (Punkt $p$). Bei Sättigung ist $h_W = h_{W_s}$ und $\varphi = 100$ vH; die Flucht von $p$ über $n$ ($\varphi = 100$ vH) zeigt auf der $h_{W_s}$-Leiter den Sättigungsdruck und die zugehörige Sättigungstemperatur an (Punkt $m$).

Aus dieser Ableitung ist zu ersehen, daß bei jedem Gesamtdruck $h$ der Taupunkt allein durch den Wassergehalt $x$ festgelegt ist. Alle Luftzustände desselben $x$-Gehaltes haben bei gleichem Gesamtdruck $h$ denselben Taupunkt, gleichgültig, wie hoch ihre Temperatur ist.

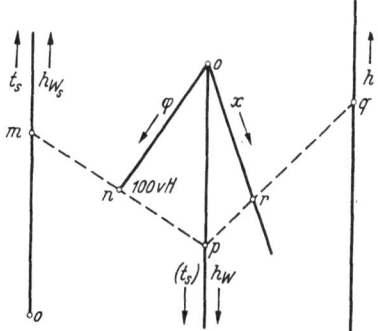

Abb. 13. Die Taupunktsfluchten in der $\varphi$-Tafel.

Um diese häufig erforderliche Konstruktion zu vereinfachen, ist auch — wie schon dargelegt — an die $h_W$-Leiter die Sättigungstemperatur $t_s$ angeschrieben worden (eingeklammerte Werte). Diese gelten natürlich nur dann, wenn $h_W = h_{W_s}$, also $\varphi = 100$ vH ist. Hierdurch wird das Ziehen der Flucht von $p$ über $n$ nach $m$ erspart. Wenn der Taupunkt aufgesucht werden soll, braucht nur die Flucht für die vorliegenden Werte von $h$ und $x$ gezeichnet zu werden, die auf der $(t_s)$-Leiter die Temperatur des Taupunktes ($\tau$) anzeigt.

Es ist aber noch eine weitere Vereinfachung geschaffen worden. Wenn man auch für den Gesamtdruck $h$ einen Festwert einsetzt, beispielsweise 760 mm QS, so ist jedem Wassergehalt $x$ eine Taupunktstemperatur zugeordnet. Es ist dann möglich, in der $i$-$x$-Tafel an die $x$-Leiter direkt die Werte $t_s$ anzuschreiben, für die $x = x_s$ ist. Dies ist in den Tafeln 1 und 2 geschehen (eingeklammerte Werte). Es ist stets darauf zu achten, daß bei Benutzung dieser Werte für abweichende Gesamtdrücke eine Vernachlässigung gemacht wird. Ist also der Zustand 1 gegeben (Abb. 12), so kann an der am $x$-Leiterträger angebrachten $(t_s)$-Leiter sofort die Taupunktstemperatur $\tau$ für einen Gesamtdruck $h = 760$ mm QS abgelesen werden. (Vgl. hierzu auch Beispiel 4 auf S. 14.) Für einen anderen Gesamtdruck wird sie in der angegebenen Art aus der $\varphi$-Tafel ermittelt. Trägt man diese Temperatur $\tau$ auf der $t$-Leiter ein und zieht die Flucht 3, also die Taupunktsflucht, so stellt diese die Grenze dar, bis zu der eine Drehung der Flucht bei Abkühlung des Dampf-Luft-Gemisches bis zu seinem Taupunkt möglich ist.

## 4. Durch Strahlung bewirkte Abkühlung unterhalb des Taupunktes.

Wird die durch Strahlung bewirkte Abkühlung unter den Taupunkt beispielsweise bis $t_s'$ weitergetrieben, so tritt Verdichtung des überschüssigen Wasserdampfes zu Wasser oder Eis ein, da der Sättigungswassergehalt $x_s'$ für die Temperatur $t_s'$ kleiner ist als der in der Luft vorhandene Wasserdampfgehalt $x = x_s$. Solange der überschüssige Wassergehalt noch sehr klein, der Taupunkt also nur wenig unterschritten ist, können die kleinen Wassertröpfchen u. U. noch als Nebel in der Luft schweben; wird der Überschuß größer, so scheidet sich Wasser in Form von Tropfen bzw. Eiskristallen aus der Luft ab. Das verbleibende Wasserdampf-Luft-Gemisch ist auch dann noch gesättigt. Diesem neuen Zustand entspricht die Flucht 4 (Abb. 12), die in einfacher Weise gezeichnet werden kann, denn es braucht nur der Punkt $t_s'$ auf der $t$-Leiter mit dem Punkt $t_s'$ auf der $(t_s)$-Leiter verbunden zu werden. Dann ist sofort die Wasserdampfmenge $x_s'$ abzulesen, die noch dampfförmig in der Luft enthalten sein kann, also auch der Rest $x_s - x_s'$ zu bestimmen, der als Wasser bzw. Eis ausgefallen ist. Für andere Gesamtdrücke als $h = 760$ mm QS ist erst in der angegebenen Weise aus der $\varphi$-Tafel der Wert $x_s'$ für die Temperatur $t_s'$ zu ermitteln, der in die $i$-$x$-Tafel übertragen werden muß.

Da bei einer durch Strahlung bewirkten Abkühlung unterhalb des Taupunktes die Wasserdampfmenge abnimmt und ebenso der Wärmeinhalt kleiner wird, weil eine Temperaturverminderung in diesem Falle eine Abnahme des Wärmeinhalts bedingt, gehört diese Zustandsänderung in die Gruppe 4 (Zahlentafel 3). Der $D$-Wert ist zwar, wie dort angegeben, positiv, aber er ist nicht unveränderlich, wie bei den anderen Zustandsänderungen. Die Abkühlung unterhalb des Taupunktes durch Strahlung nimmt insofern unter den Zustandsänderungen eine Sonderstellung ein; sie läßt sich aber trotzdem, wie gezeigt, in die $i$-$x$-Tafel einzeichnen, nur ist es nicht möglich, sie als Drehung um einen Punkt darzustellen, da hierzu der $D$-Wert unveränderlich sein müßte.

## 5. Durch Kühlflächen bewirkte Abkühlung.

**a) Die Kühlflächentemperatur liegt unterhalb der Taupunktstemperatur.** Erfolgt die Abkühlung feuchter Luft durch Kühlflächen, deren Temperatur unterhalb des Taupunkts der feuchten Luft liegt, so muß man davon ausgehen, die an der Kühlfläche befindliche Grenzschicht der Luft zu betrachten. In dieser Grenzschicht muß sich die Luft auf die Temperatur der Kühlfläche abkühlen. Da diese Temperatur unterhalb des Taupunktes liegen soll, muß die Luft hier in den Sättigungszustand kommen und außerdem noch Wasser oder Reif abscheiden, je nachdem, ob die Temperatur über oder unter 0° C liegt. Für diesen Vorgang ist es gleichgültig, ob es sich um trockene Kühlflächen (z. B. einen Trockenluftkühler) handelt oder um nasse Kühlflächen (z. B. einen Naßluftkühler, der hier der Einfachheit halber mit Wasser betrieben gedacht werden soll, bzw. einen Eisblock).

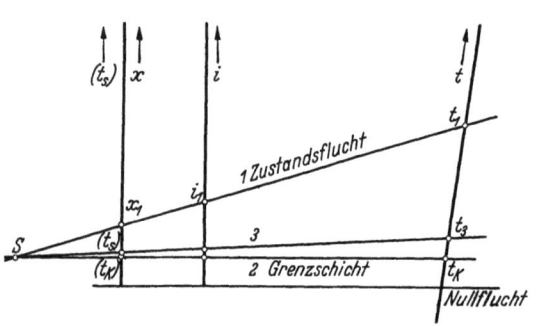

Abb. 14. Abkühlung durch Kühlflächen, deren Temperatur niedriger ist als die Taupunktstemperatur.

Wegen der stets vorhandenen freien oder aufgezwungenen Strömung wird sich die Luft dieser Grenzschicht dauernd mit den umliegenden Luftteilchen vermischen. Neue Luft strömt in die Grenzschicht ein und erleidet dort dieselbe Zustandsänderung. Infolge des Mischungsvorgangs kühlt sich die Luft ab und außerdem vermindert sich ihr Wassergehalt. Es findet ein Ausscheiden von Wasser aus der ungesättigten Luft statt. Je länger eine begrenzte Luftmenge mit der Kühlfläche in Berührung gebracht wird, um so weiter wird sie sich abkühlen und um so mehr wird sie ihre Feuchtigkeit abgeben, bis sie zuletzt im Idealfalle die Temperatur der Kühlfläche selbst hat und gesättigt ist.

In der $i$-$x$-Tafel (Abb. 14) ist die Zustandsflucht 1 der feuchten Luft mit der Sättigungsflucht 2 für die Kühlflächentemperatur $t_K$ zum Schnitt zu bringen. Die Flucht 2 gibt den Zustand der in der Grenzschicht gesättigten Luft wieder. Da die Zustandsänderung durch dauerndes Zumischen von Luftmengen des Zustandes 2 (Grenzschicht) zu Luft vom Zustande 1 (Anfangszustand) bewirkt wird, stellt sie sich als Drehung um den Schnittpunkt $S$ dieser beiden Fluchten dar. Bei freier Strömung gilt diese Konstruktion angenähert. Der Schnittpunkt $S$ liegt im allgemeinen links von der $x$-Leiter, im Ausnahmefalle kann er auch rechts von der $t$-Leiter liegen. Daraus ergibt sich, daß während der ganzen Zustandsänderung sowohl eine Abnahme der Temperatur $t$ und des Wärmeinhalts $i$ als auch des Wassergehalts $x$ stattfindet. Es liegt also der Fall 4 der Zahlentafel 3 vor.

**Beispiel 10.** Feuchte Luft von $t_1 = 15°$ C und $x_1 = 0{,}0070$ kg/kg strömt bei einem Gesamtdruck von $h = 760$ mm QS an einer Kühlfläche ($t_K = -2°$ C) vorbei. Wieviel Wasserdampf ist aus der Luft ausgeschieden worden, wenn ihre Temperatur auf $t' = 6°$ C gefallen ist?

Tafel 1: Zustandsflucht 1 vom Punkt $t_1 = 15°$ C auf der $t$-Leiter zum Punkt $x_1 = 0{,}0070$ kg/kg auf der $x$-Leiter. Sättigungsflucht 2 für die Kühlflächentemperatur vom Punkt $t_K = -2°$ C auf der $t$-Leiter zum Punkt $(t_s) = t_K = (-2°$ C$)$ auf der $(t_s\text{-})$Leiter.

Die Verbindung des Schnittpunktes beider Fluchten mit dem Punkt $t' = 6°$ C auf der $t$-Leiter ergibt die Flucht für den Luftzustand, wenn die Temperatur auf $6°$ C gefallen ist. $x'$ wird abgelesen. $x' = 0{,}0050$ kg/kg.

Ausgeschiedene Menge: $x_1 - x' = 0{,}0070 - 0{,}0050 = 0{,}0020$ kg/kg.

Wenn die Luft im Anfangszustande schon eine hohe relative Feuchtigkeit gehabt hat, und besonders dann, wenn die Kühlflächentemperatur sehr niedrig ist, kann der Fall eintreten, daß die Luft schon in den Sättigungszustand kommt, ehe sie die Kühlflächentemperatur erreicht. Bei weiterer Abkühlung tritt dann vorübergehend Übersättigung, u. U. also Nebelbildung ein, die jedoch wieder verschwindet, sobald die Kühlflächentemperatur erreicht ist; die Luft ist dann wieder gesättigt. Ob Übersättigung stattgefunden hat, läßt sich leicht aus der $i$-$x$-Fluchtentafel entnehmen. Es wird dazu eine Flucht 3 von $S$ (Abb. 14) zu einer etwas über $t_K$ liegenden Temperatur $t_3$ gezogen und im Schnittpunkt mit der $x$-Leiter die zu diesem Wassergehalt $x$ gehörige Sättigungstemperatur $(t_s)$ abgelesen. Ist diese höher als der Zahlenwert $t_3$, so liegt Übersättigung vor. Der Zahlenwert von $t_3$ hat dann keine Bedeutung, da im Nebelgebiet die $t$-Leiter nicht gilt. Die Temperatur für diesen übersättigten Luftzustand ist $t = t_s$. Für einen von 760 mm QS abweichenden Gesamtdruck muß $t_3$ mit dem $t_s$-Wert verglichen werden, der aus der $\varphi$-Tafel für den abgelesenen $x$-Wert ($x = x_s$) zu ermitteln ist (vgl. Abb. 13, Flucht $q$—$r$—$p$).

**Beispiel 11.** Feuchte Luft ($t_1 = 20°$ C, $x_1 = 0{,}01$ kg/kg, $h = 760$ mm QS) strömt an einer Kühlfläche ($t_K = -10°$ C) vorbei. Tritt während der Abkühlung Übersättigung ein? Bei welcher Temperatur ist die Luft bereits gesättigt?

Tafel 1: Der Schnittpunkt der beiden Fluchten wird wie beim Beispiel 10 aufgesucht. Die Verbindungslinie dieses Schnittpunktes mit dem Punkt $-9°$ C der $t$-Leiter schneidet die $(t_s)$-Leiter in einem Punkt oberhalb $(t_s) = (-9°$ C$)$. Es hat also Übersättigung stattgefunden. Durch Probieren findet man, daß die Luft bereits bei $+7{,}8°$ C gesättigt ist; die Verbindungslinie des Schnittpunktes der beiden zuerst gezeichneten Fluchten mit $+7{,}8°$ C auf der $t$-Leiter trifft die $(t_s\text{-})$Leiter bei $(7{,}8)°$ C.

Näheres über das Nebelgebiet auf S. 29.

Es ist also ein wesentlicher Unterschied, ob die Abkühlung durch Strahlung oder durch Kühlflächen bewirkt wird. Bei der Abkühlung durch Strahlung geht die Zustandsänderung bis zum Taupunkt bei gleichbleibendem Wassergehalt $x$, also ohne Wasserausfall vor sich, später fällt Wasser aus der stets gesättigten feuchten Luft aus. Bei der Abkühlung durch Kühlflächen, deren Temperatur unterhalb des Taupunkts liegt, findet dagegen eine Wasserabgabe aus der noch nicht gesättigten feuchten Luft statt. Der Drehpunkt für die Darstellung der Zustandsänderung liegt in der $i$-$x$-Tafel im allgemeinen links von der $x$-Leiter und im Ausnahmefall rechts von der $t$-Leiter, während er bei der Abkühlung durch Strahlung bis zum Taupunkt auf der $x$-Leiter selbst liegt.

**b) Die Kühlflächentemperatur ist gleich der Taupunktstemperatur.** Dieser Unterschied entfällt jedoch dann, wenn im Sonderfalle die Kühlflächentemperatur gleich der Taupunktstemperatur der feuchten Luft ist. Hier rückt der Schnittpunkt $S$ auf die $x$-Leiter, die Abkühlung geht also bei gleichbleibendem Wassergehalt $x$ vor sich.

**c) Die Kühlflächentemperatur liegt höher als die Taupunktstemperatur.** Ist die Kühlflächentemperatur höher als die Taupunktstemperatur der feuchten Luft, jedoch noch tiefer als deren Temperatur, so ist zu unterscheiden, ob es sich um trockene oder feuchte Kühlflächen handelt.

Bei trockenen Kühlflächen findet lediglich eine Abkühlung bei gleichbleibendem Wassergehalt $x$ statt, ein Fall, der schon weiter oben behandelt wurde.

Bei feuchten Kühlflächen — auch hier sei der Einfachheit halber an einen Naßluftkühler gedacht, der mit Wasser betrieben wird — tritt dagegen neben der Temperaturverminderung eine Befeuchtung der Luft ein. Auch hier muß wieder die Grenzschicht betrachtet werden, die sich über jeder Wasser- und Eisfläche bildet. In der Grenzschicht der Luft an der feuchten Kühlfläche muß Temperaturgleichheit mit dieser und Sättigung herrschen. Der Sättigungswassergehalt $x_s$ entspricht der Temperatur der feuchten Kühlfläche, er ist in diesem Fall stets größer als der Wassergehalt $x$ der abzukühlenden Luft, d. h. es findet ein Stoffübergang von der feuchten Kühlfläche an die Luft statt, der Wassergehalt $x$ vergrößert sich.

In der $i$-$x$-Tafel liegt der Fluchtenschnittpunkt $S$ dann rechts von der $x$-Leiter, aber stets links von der $t$-Leiter. Er liegt nahe an der $x$-Leiter, wenn die Temperatur der feuchten Kühlfläche nur wenig größer als die Taupunktstemperatur der abzukühlenden Luft ist. Es liegt dann der Fall 2 der Zahlentafel 3 vor. Ist die Temperatur der feuchten Kühlfläche aber fast so groß wie die Lufttemperatur, so liegt der Schnittpunkt $S$ rechts von der $i$-Leiter (Fall 1 in Zahlentafel 3).

## 6. Befeuchtung der Luft durch Beimischen von Wasserdampf, Wasser, Schnee oder Eis.

Neben den Erwärmungs- und Abkühlungsvorgängen ist eine zweite Gruppe von Zustandsänderungen von Bedeutung: das Befeuchten der Luft.

Eine Befeuchtung der nicht gesättigten Luft, also eine Vergrößerung des Wasserdampfgehaltes $x$ tritt stets dann ein, wenn Wasser oder Schnee in fein verteilter Form oder Wasserdampf in die Luft eingeblasen wird. Vorausgesetzt soll werden, daß die Befeuchtung nur so weit getrieben wird, daß der

Sättigungszustand im Höchstfalle nur erreicht, aber nicht überschritten wird. Weiter muß vorausgesetzt werden, daß die Luft mit der ganzen zugeführten Menge des Wasserdampfes, Wassers oder Schnees ins Gleichgewicht kommt. Bedingung hierfür ist, daß das Wasser oder der Schnee fein genug zerstäubt wird, so daß eine genügend große Oberfläche zur Verfügung steht und Wasser und Schnee verdunsten können.

Der Wärmeinhalt des Wassers oder des Wasserdampfes sei $i_W$ kcal/kg. Wenn $dx$ kg Wasser oder Wasserdampf eingespritzt werden, erhöht sich der Wärmeinhalt des Dampf-Luft-Gemisches um den Betrag $di$ kcal/kg. Die Wärmeinhaltserhöhung des Gemisches muß aber gleich dem Wärmeinhalt der eingespritzten Menge sein; dieser beträgt $i_W \cdot dx$, so daß sich ergibt

$$di = i_W \cdot dx, \tag{65}$$

oder
$$\frac{di}{dx} = i_W. \tag{66}$$

Die Gl. (66) besagt, daß der Zahlenwert für $di/dx$ (auch $D$-Wert genannt) gleich dem Zahlenwert des Wärmeinhaltes des eingespritzten Wassers oder Wasserdampfes ist. Diese Tatsache ermöglicht es, eine derartige Zustandsänderung in einfacher Weise in der $i$-$x$-Tafel darzustellen.

Es ist schon gezeigt worden, daß sich für jeden Zahlenwert von $D$ eine Linie in den $i$-$x$-Fluchtentafeln verzeichnen läßt, die zu den $i$- und $x$-Leitern parallel läuft. Einer Zustandsänderung, bei der der $D$-Wert unveränderlich bleiben soll — eine solche liegt hier vor —, entspricht in der Fluchtentafel eine Drehung der Flucht um einen Punkt der entsprechenden $D$-Linie. Dieser Punkt liegt auf der $D$-Linie nicht beliebig, sondern ist der Schnittpunkt der Flucht, die sich für den ursprünglichen Zustand zeichnen läßt, mit der $D$-Linie. Die Größe von $D = di/dx$ ist durch den Wärmeinhalt des einzuspritzenden Wassers oder Wasserdampfes gegeben.

Es gilt also folgende einfache Konstruktion, beispielsweise für den Fall, daß Wasser in feuchte Luft eingespritzt wird: Für den Luftzustand, für den $t_1$ und $x_1$ bekannt sei, läßt sich die Flucht 1 zeichnen (Abb. 15). Wenn Wasser von 40° C, dessen Wärmeinhalt $i_W = 40$ kcal/kg ist, eingespritzt werden soll, so ist der Schnittpunkt $S$ mit der Linie $D = 40$ zu bestimmen; dieser Punkt ist der Drehpunkt bei der Zustandsänderung. Wenn so viel Wasser eingespritzt werden soll, daß der Wasserdampfgehalt $x_2$ beträgt, wobei $x_2$ noch kleiner als der Sättigungswasserdampfgehalt $x_s$ sein soll, ist die Flucht 2 des Endzustandes durch Verbinden des Punk-

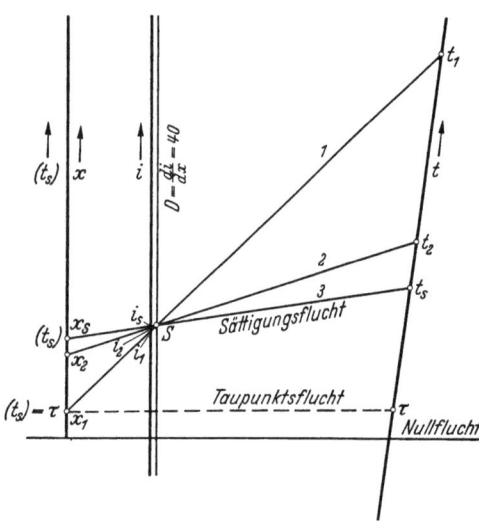

Abb. 15. Befeuchtung der Luft durch Einspritzen von Wasser.

tes $x_2$ mit $S$ zu zeichnen. Die Größen $i_2$ und $t_2$ lassen sich dann sofort auf der $i$- bzw. $t$-Leiter ablesen, so daß mit Hilfe dieser Größen in der $\varphi$-Tafel und in der $\gamma$-Tafel die relative Feuchtigkeit, das Volumen, das spezifische Volumen und das spezifische Gewicht für den Endzustand zu bestimmen sind.

**Beispiel 12.** In feuchter Luft von $t_1 = 35°$ C, $x_1 = 0,005$ kg/kg, $h = 760$ mm QS wird $x_z = 0,006$ kg/kg Wasser von 40° C zerstäubt. Wie groß ist dann die Temperatur $t_2$, der Wärmeinhalt $i_2$, die relative Feuchtigkeit $\varphi_2$ und das spezifische Gewicht $\gamma_2$ der Luft?

Tafel 1: Der Schnittpunkt der Zustandsflucht 1 ($t_1 = 35°$ C, $x_1 = 0,005$ kg/kg) mit der Linie $D = 40$ wird mit $x_2 = x_1 + x_z = 0,005 + 0,006 = 0,011$ kg/kg verbunden. Diese Verbindungslinie stellt die Flucht für den gesuchten Zustand dar und zeigt auf der $t$-Leiter die Temperatur $t_2 = 21,1°$ C an. $i_2 = 11,75$ kcal/kg. Aus der Tafel 4 wird die relative Feuchtigkeit mit $\varphi = 70,4$ vH und aus der Tafel 6 das spezifische Gewicht mit $\gamma_2 = 1,1915$ kg/m³ ermittelt.

Für Wasser ist der Wärmeinhalt $i_W = t_W$, da $c_{p_m}$ nahezu 1 ist. Die $D$-Linien für Wasser ($D = 0 \ldots 100$) liegen ziemlich dicht an der $i$-Leiter. Da sie häufig gebraucht werden und sich mit der wünschenswerten Genauigkeit nur schwer einzeichnen lassen, wurden sie in die Tafeln 1 und 2 eingetragen, während für die übrigen $D$-Werte lediglich Maßstäbe auf dem Rande der Tafeln angegeben worden sind.

Aus den Tafeln ist zu ersehen, daß durch das Einspritzen von Wasser in feuchte Luft stets eine Temperaturerniedrigung der Luft zu bewirken ist, und zwar auch dann, wenn die Wassertemperatur wesentlich über der Lufttemperatur liegt.

Da die Luft jedoch nicht unbegrenzt aufnahmefähig für Wasserdampf ist, kann diese Zustandsänderung nicht beliebig weit geführt werden. Durch das Einspritzen von Wasser oder Wasserdampf wird stets eine Erhöhung des Wassergehaltes $x$ bewirkt, so daß meist der Sättigungszustand der Luft erreicht wird. Auch dieser läßt sich in die Fluchtentafel (Abb. 15) einzeichnen. Ebenso wie sich der Zustand 2 aus dem Zustand 1 durch Zumischen von Wasser ergeben hatte, soll auch der Sättigungszustand ($x_s, t_s, i_s$) nur durch weitere Wassereinspritzung erreicht werden. In der Fluchtentafel (Abb. 15) muß sich also die Flucht noch weiter um den schon vorher festgelegten Punkt $S$ drehen, und zwar bis der Zustandspunkt $x_s$ erreicht ist. Für einen Druck von 760 mm QS ist diese Konstruktion außerordentlich einfach, denn für diesen Gesamtdruck wurden an die $x$-Leiter die Sättigungstemperaturen angeschrieben. Da aber für den Sättigungszustand $t = t_s$ ist, wird die Drehung so weit durchgeführt, daß auf der $(t_s)$-Leiter der gleiche Zahlenwert in °C angezeigt wird wie auf der $t$-Leiter. Der Wert $x_s$ braucht für diesen Fall nicht besonders ermittelt zu werden, da er auf der $x$-Leiter für den Wert $t_s$ abgelesen werden kann.

**Beispiel 13.** Wieviel Wasser muß im Beispiel 12 zerstäubt werden, wenn die Luft möglichst weit abgekühlt werden soll? Wie groß ist dann die Temperatur?

Es muß so viel Wasser eingespritzt werden, daß der Sättigungszustand der Luft erreicht wird. Aus der Tafel 1 ergibt sich die Sättigungstemperatur mit $t_s = 17{,}6°$ C und der Wasserdampfgehalt der Luft bei Sättigung mit $x_s = 0{,}0126$ kg/kg, es müssen also $x_z{'} = x_s - x_1 = 0{,}0126 - 0{,}005 = 0{,}0076$ kg/kg zerstäubt werden.

Für alle von 760 mm QS abweichenden Drücke ist für die auf der $t$-Leiter angezeigte Temperatur erst in der $\varphi$-Tafel in bekannter Weise der Wert $x_s$ aufzusuchen (Abb. 13, Flucht $p$—$q$—$r$) und auf die $x$-Leiter zu übertragen. Der Sättigungszustand ist dann gefunden, wenn der auf der $x$-Leiter angezeigte Zahlenwert gleich dem aus der $\varphi$-Tafel für $x_s$ ermittelten ist.

Dieser Sättigungszustand stimmt aber keinesfalls mit dem Taupunkt für den gegebenen Luftzustand überein. Um auf den Taupunkt zu kommen, muß man das Wasserdampf-Luft-Gemisch durch Strahlung abkühlen, also eine Zustandsänderung herbeiführen, bei der der Wassergehalt $x$ unverändert bleibt, der $D$-Wert ist dann stets $D = -\infty$. Zum Erreichen des genannten Sättigungszustandes dagegen ist ein Befeuchten der Luft, also eine Vergrößerung des Wassergehaltes erforderlich.

Besonders deutlich ist der Unterschied zwischen dem Sättigungszustand, den man beim Einspritzen von Wasser erreicht, und dem Taupunkt aus Abb. 15 zu ersehen. Vom Zustande 1 ($x_1$, $t_1$, $i_1$) ausgehend, war die Flucht des Sättigungszustandes ($x_s$, $t_s$) bestimmt worden, der beim Einspritzen von Wasser mit einer Temperatur von beispielsweise 40° C erreicht wird. Um dagegen den Taupunkt zu erreichen, muß man das gegebene Dampf-Luft-Gemisch durch Strahlung abkühlen, wobei sich der Wasserdampfgehalt nicht ändert, und zwar bis die Temperatur $\tau$ erreicht ist, die sich für $x = x_s$ ergibt. In der Tafel muß also zu dem gegebenen $x_1$ für $x_1 = x_s$ auf der $(t_s)$-Leiter die Temperatur $\tau$ abgelesen werden. In der $t$-Leiter wird der Punkt $t = \tau$ eingezeichnet; die Verbindung dieses Punktes mit $x_1$ ist die Taupunktsflucht.

Die Taupunktstemperatur ist stets niedriger als die Sättigungstemperatur beim Einspritzen von Wasser oder von Wasserdampf.

Beim Zumischen von Wasserdampf gilt grundsätzlich das gleiche wie bei Wasser. Für $i_W$ ist jedoch nicht die Temperatur einzusetzen, sondern der Wärmeinhalt, da die Beziehung $i_W = t_W$ nur für Wasser gilt.

Beim Einspritzen von Wasser ergab sich stets eine Temperaturverminderung der Luft. Diese ist dadurch bedingt, daß der Luft die Verdampfungswärme des Wassers entzogen wird. Das eingespritzte Wasser hat nur den Wärmeinhalt $i_W = t_W$, die Verdampfungswärme ist also vollständig von der umgebenden Luft aufzubringen, wodurch sich eine Abkühlung der Luft ergibt.

Wird der feuchten Luft dagegen Dampf zugeführt, so ergibt sich eine Temperaturerniedrigung oder eine Temperaturerhöhung, je nachdem ob der Schnittpunkt $S$, den die Zustandsflucht mit der $D$-Linie gemeinsam hat, links oder rechts von der $t$-Leiter liegt.

Es ist aber auch denkbar, daß eine Luftbefeuchtung gefordert wird mit der weiteren Bedingung, daß die Temperatur der Luft sich nicht verändern soll. In der $i$-$x$-Fluchtentafel (Abb. 16) muß dann der Punkt $t_1$ auf der $t$-Leiter gleichzeitig Schnittpunkt $S$ der Anfangs- und Endflucht sein. Die Endflucht ist durch die Bedingung gegeben, daß die Zustandsänderung so weit geführt werden soll, daß der Wassergehalt den Wert $x_2$ annimmt. $x_2$ muß natürlich kleiner sein als der Sättigungswassergehalt $x_s$ für die Temperatur $t_1$. Für den Schnittpunkt $S$ ist der $D$-Wert abzulesen und dieser gleich dem Wärmeinhalt $i_W$ des einzuspritzenden Wasserdampfes zu setzen.

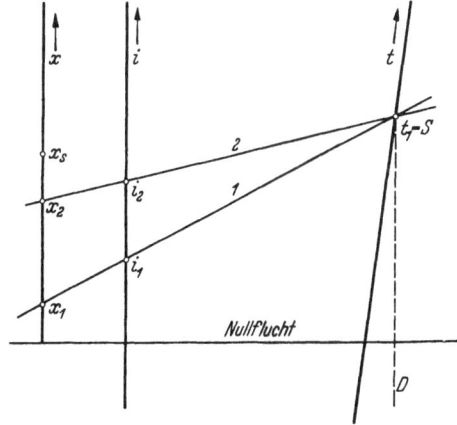

Abb. 16. Befeuchtung der Luft bei gleichbleibender Temperatur.

Für den dargestellten Bereich ($t = -50 \cdots +320°$ C) ergeben sich Werte $D = 570 \ldots 750$ kcal/kg. Das heißt, der beizumengende Wasserdampf muß einen Wärmeinhalt haben, der zwischen den Werten 570 ... 750 kcal/kg liegt.

**Beispiel 14.** Feuchte Luft von $t_1 = 15°$ C soll befeuchtet werden. Welchen Wärmeinhalt $i_W$ muß der beizumengende Wasserdampf haben, wenn sich die Temperatur der Luft nicht ändern soll?

In Tafel 1 ist der Drehpunkt $S$ für die Zustandsänderung der Punkt $t_1 = 15°$ C auf der $t$-Leiter. Der zugehörige $D$-Wert wird mit $D = 602{,}1$ abgelesen. Also $i_W = 602{,}1$ kcal/kg.

Dieser Gedankengang läßt sich auch rechnerisch verfolgen. Es ist

$$i = c_{p_{mL}} \cdot t + 595{,}5\, x + x \cdot c_{p_{mW}} \cdot t, \tag{17}$$

und nach Differenzieren der Gl. (17):

$$\frac{di}{dx} = 595{,}5 + c_{p_{mW}} \cdot t, \qquad (67)$$

$$\frac{di}{dx} = D = i_W,$$

$$i_W = 595{,}5 + c_{p_{mW}} \cdot t.$$

Für Beispiel 14 ist $i_W = 595{,}5 + 0{,}4428 \cdot 15 = 602{,}1$ kcal/kg.

Einfacher als diese Rechnung ist allerdings das Abgreifen der Werte aus den $i$-$x$-Tafeln.

Beim Zumischen von Wasserdampf oder Wasser zu Luft ergibt sich sowohl eine Erhöhung des Wärmeinhaltes $i$ als auch eine Erhöhung des Wassergehaltes $x$. Es liegt also der Fall 1 der Zahlentafel 3 vor.

Einen Sonderfall stellt das Einspritzen von Wasser mit der Temperatur $t = 0°$ C dar. Es ist der Fall 7 in der Zahlentafel 3. Der Wärmeinhalt des Wassers von $0°$ C ist $i_W = 0$ kcal/kg. Eine Zuführung von Wärme findet nicht statt, der $D$-Wert wird $D = 0$. Der Drehpunkt $S$ für eine solche Zustandsänderung liegt auf der Linie $D = 0$, die mit der $i$-Leiter zusammenfällt.

Es ist auch denkbar, daß zum Zumischen nicht Wasser oder Wasserdampf, sondern Schnee oder Eis in feinster Form verwendet wird. Dieser Fall liegt beispielsweise vor, wenn Schnee in fein verteilter Form in Luftschichten kommt, deren relative Feuchtigkeit geringer als 100 vH ist.

Dieser Vorgang (Fall 2 in Zahlentafel 3) unterscheidet sich von dem Zumischen von Wasser oder Wasserdampf in der Darstellung lediglich dadurch, daß der $D$-Wert negativ ist. Die $D$-Linien für negative Werte liegen zwischen den $x$- und $i$-Leitern. Hierbei ist zu beachten, daß der Wärmeinhalt von Eis um die Schmelzwärme (rd. 80 kcal/kg) geringer ist als der von Wasser, außerdem ist die spezifische Wärme von Eis ungefähr 0,5. Der Wärmeinhalt von Eis ist also

$$i = 0{,}5\, t - 80 \text{ kcal/kg}. \qquad (68)$$

In den Tafeln 1 und 2 sind für die entsprechenden negativen $D$-Werte auch die Eistemperaturen angegeben.

## 7. Zustandsänderungen bei gleichbleibendem Volumen, spezifischem Volumen bzw. spezifischem Gewicht.

Es soll nun noch untersucht werden, ob es auch möglich ist, eine Zustandsänderung so zu führen, daß das Volumen, das spezifische Volumen bzw. das spezifische Gewicht unverändert bleibt. Es ist

$$h \cdot V = 2{,}1528\, T + 3{,}4613\, x T, \qquad (25)$$

$$T = \frac{h \cdot V}{3{,}4613 \cdot (x + 0{,}622)}. \qquad (69)$$

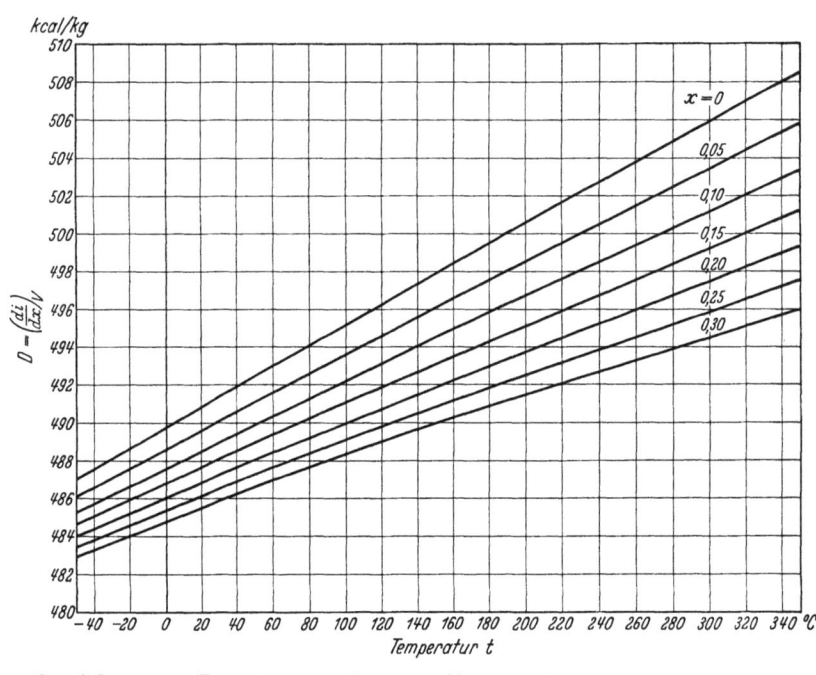

Abb. 17. $D$-Werte bei verschiedenen Temperaturen $t$ und Wasserdampfgehalten $x$ für Zustandsänderungen mit gleichbleibendem Volumen.

Aus Gl. (17) ergibt sich, wenn $T = 273{,}2 + t$ ist, $t = T - 273{,}2$,

$$i = c_{p_{mL}} \cdot T - 273{,}2\, c_{p_{mL}} + 595{,}5\, x + c_{p_{mW}} \cdot x \cdot T - 273{,}2\, c_{p_{mW}} \cdot x,$$

$$i = -273{,}2\, c_{p_{mL}} + x(595{,}5 - 273{,}2\, c_{p_{mW}}) + (c_{p_{mL}} + c_{p_{mW}} \cdot x) \cdot T. \qquad (70)$$

Gl. (69) in (70) eingesetzt ergibt

$$i = -273{,}2\, c_{p_{mL}} + x\,(595{,}5 - 273{,}2\, c_{p_{mW}}) + (c_{p_{mL}} + c_{p_{mW}} \cdot x) \cdot \frac{h \cdot V}{3{,}4613 \cdot (x + 0{,}622)}. \quad (71)$$

Differenziert man diese Gl. (71) nach $x$ für gleichbleibendes $h \cdot V$, so erhält man

$$\left(\frac{di}{dx}\right)_V = 595{,}5 - 273{,}2\, c_{p_{mW}} + h \cdot V \cdot \frac{0{,}622\, c_{p_{mW}} - c_{p_{mL}}}{3{,}4613 \cdot (x + 0{,}622)^2}. \quad (72)$$

Für $h \cdot V$ den Wert eingesetzt, der sich aus der Gl. (69) errechnen läßt:

$$h \cdot V = 3{,}4613 \cdot (x + 0{,}622) \cdot T. \quad (69\text{a})$$

$$D = \left(\frac{di}{dx}\right)_V = 595{,}5 - 273{,}2\, c_{p_{mW}} + \frac{0{,}622\, c_{p_{mW}} - c_{p_{mL}}}{x + 0{,}622} \cdot T. \quad (73)$$

Auf der rechten Seite der Gl. (73) kommen als unabhängige Veränderliche nur die Größen $x$ und $T$ vor, die allein schon einen Luftzustand eindeutig bestimmen. Es ist also für jeden Luftzustand auch der $D$-Wert errechenbar, für den sich die Zustandsänderung so durchführen läßt, daß das Volumen sich nicht ändert, das diejenige Luftmenge hat, deren Reinluftanteil 1 kg beträgt.

Der Übersichtlichkeit halber wurde diese Beziehung zeichnerisch dargestellt. Aus Abb. 17 läßt sich zu jedem $t$ und $x$ der entsprechende $D$-Wert entnehmen.

**Beispiel 15.** Wenn einer gegebenen Luftmenge ($t = 70°$ C, $x = 0{,}1$ kg/kg) Wasserdampf beigemischt wird, dessen Wärmeinhalt 490,8 kcal/kg ist, so bleibt das Volumen $V$ der Luftmenge mit dem Reinluftanteil 1 kg unverändert.

In gleicher Weise läßt sich auch die Zustandsänderung ermitteln, die erfolgen muß, wenn das spezifische Gewicht oder das spezifische Volumen sich nicht ändern soll. Es ist nach Gl. (27)

$$V = v \cdot (1 + x). \quad (27\text{a})$$

Diesen Wert in Gl. (71) eingesetzt ergibt

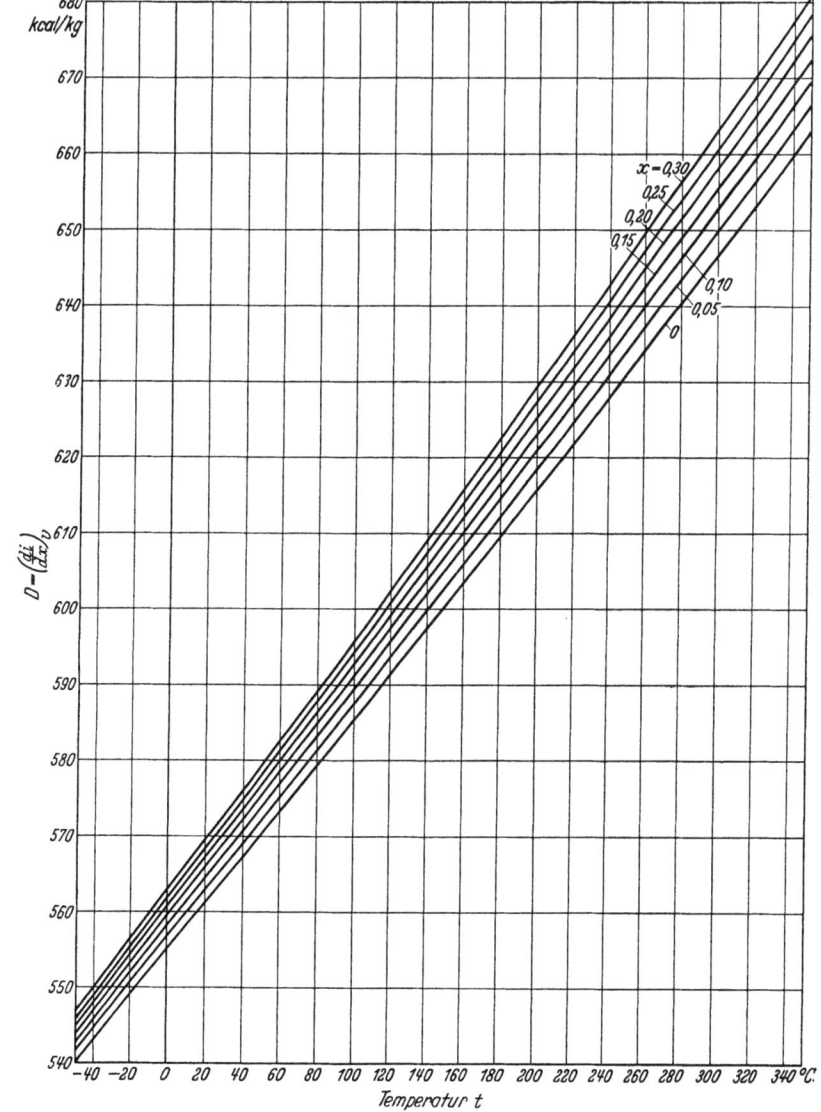

Abb. 18. $D$-Werte bei verschiedenen Temperaturen $t$ und Wasserdampfgehalten $x$ für Zustandsänderungen mit gleichbleibendem spezifischem Volumen bzw. spezifischem Gewicht.

$$i = -273{,}2\, c_{p_{mL}} + x\,(595{,}5 - 273{,}2\, c_{p_{mW}}) + (c_{p_{mL}} + c_{p_{mW}} \cdot x) \cdot \frac{h \cdot v \cdot (1+x)}{3{,}4613 \cdot (x + 0{,}622)}. \quad (74)$$

Durch Differenzieren nach $x$ für gleichbleibendes $h \cdot v$ ergibt sich

$$\left(\frac{di}{dx}\right)_v = 595{,}5 - 273{,}2\, c_{p_{mW}} + hv \cdot \left(\frac{c_{p_{mW}}(1+x)}{3{,}4613 \cdot (x + 0{,}622)} + \frac{c_{p_{mL}} + c_{p_{mW}} \cdot x}{3{,}4613 \cdot (x + 0{,}622)} - \frac{(c_{p_{mL}} + c_{p_{mW}} \cdot x)(1+x)}{3{,}4613 \cdot (x + 0{,}622)^2}\right).$$

Nach Einsetzen von

$$v = \frac{V}{1 + x}, \quad (27)$$

und
$$h \cdot V = 3{,}4613 \cdot (x + 0{,}622) \cdot T \qquad (69\text{a})$$
erhält man
$$D = \left(\frac{di}{dx}\right)_v = 595{,}5 - 273{,}2\, c_{p_{mW}} + T \cdot \left(c_{p_{mW}} + \frac{c_{p_{mL}} + c_{p_{mW}} \cdot x}{1+x} - \frac{c_{p_{mL}} + c_{p_{mW}} \cdot x}{x + 0{,}622}\right). \qquad (75)$$

Diese Gleichung läßt sich durch rein rechnerisches Umformen noch auf die einfachere Form bringen:
$$D = \left(\frac{di}{dx}\right)_v = 595{,}5 - 273{,}2\, c_{p_{mW}} + T \cdot \left(c_{p_{mW}} - \frac{c_{p_{mW}} - c_{p_{mL}}}{1+x} + \frac{0{,}622\, c_{p_{mW}} - c_{p_{mL}}}{x + 0{,}622}\right). \qquad (76)$$

Diese Form hat große Ähnlichkeit mit Gl. (73); auch hier kommen als unabhängige Veränderliche nur $T$ und $x$ vor. Für jeden Luftzustand läßt sich also der $D$-Wert bestimmen, der bei der Zustandsänderung vorhanden sein muß, wenn das spezifische Volumen und das spezifische Gewicht unverändert bleiben sollen. Die Abb. 18 zeigt diese Beziehungen.

**Beispiel 16.** Wird feuchter Luft (von $t = 60°$ C und $x = 0{,}05$ kg/kg) Wasserdampf beigemischt, so bleibt das spezifische Gewicht der Luft nur dann unverändert, wenn der Wasserdampf einen Wärmeinhalt von 575,2 kcal/kg hat. Mit dieser Zustandsänderung ist eine Temperaturerniedrigung verknüpft, da in Tafel 1 der Schnittpunkt $S$ der Flucht, die dem Anfangszustand entspricht, mit der $D$-Linie ($D = 575{,}2$) links von der $t$-Leiter liegt.

Es kann auch für jede Zustandsänderung mit Hilfe der Abb. 17 und 18 ohne Benutzung der $\gamma$-Tafeln ermittelt werden, ob eine Vergrößerung oder eine Verkleinerung des Volumens oder des spezifischen Volumens stattfindet. Ist der Wärmeinhalt des einzuspritzenden Wasserdampfes größer als der aus den Netztafeln (Abb. 17 und 18) für den Anfangszustand der feuchten Luft zu ermittelnde Wert, so ergibt sich eine Vergrößerung, ist er kleiner, eine Verminderung des Volumens bzw. spezifischen Volumens. Für das spezifische Gewicht gilt das Umgekehrte, da dieses der Kehrwert des spezifischen Volumens ist. Wird Wasser beigemischt, so muß also bis zur Sättigung der Luft stets eine Verkleinerung des spezifischen Volumens, also eine Vergrößerung des spezifischen Gewichtes erfolgen. Dies ist auch schon deshalb verständlich, weil sich hier stets eine Temperaturverminderung ergibt.

Die Zahlenwerte des Volumens usw. wird man zweckmäßigerweise aus der $\gamma$-Tafel entnehmen. Es wäre an sich denkbar, diese Werte in der $i$-$x$-Tafel anzugeben; zweckmäßig ist es aber nicht, da die wünschenswerte Genauigkeit für die Ablesung auch nicht annähernd zu erreichen ist.

## 8. Verdunstungs- und Trocknungsvorgänge.

Befindet sich in einem lufterfüllten Raum eine Wassermenge, so kann man beobachten, daß deren Gewicht mit der Zeit abnimmt, ein kleinerer oder größerer Teil des Wassers verdunstet. Auch bei feuchtem Gut tritt meist ein Verdunsten des Wasseranteiles ein, das Gut trocknet.

Diese Vorgänge sollen im folgenden dargestellt werden.

Es sei angenommen, daß eine größere Wassermenge in einen mit nicht gesättigter Luft erfüllten Raum gebracht werde, ein Zerstäuben oder Einspritzen soll jedoch nicht erfolgen. Diese Wassermenge habe zunächst die Temperatur der Raumluft. Sollte dies nicht der Fall sein, so kann man sich vorstellen, daß zunächst ein Wärmeaustausch stattfindet, ohne daß Wasser verdunstet; das Wasser kann sich also z. B. noch in einem geschlossenen Gefäß befinden.

Ist Temperaturgleichheit hergestellt, so mag die Möglichkeit geschaffen werden, daß die nicht gesättigte Luft mit der Wasseroberfläche in Berührung kommt. Dabei sei zunächst angenommen, daß die Luft mit erheblicher Geschwindigkeit, die nicht unter 3 m/s liege, über die Wasserfläche hinwegstreiche.

An der freien Wasseroberfläche muß stets ein Wasserdampfteildruck herrschen, der gleich dem der Wassertemperatur entsprechenden Sättigungsdruck ist. Der Teildruck in der Luft jedoch ist niedriger, da ungesättigte Luft vorausgesetzt wurde, für die stets
$$h_W = \varphi \cdot h_{W_s} \qquad (29)$$
ist. Infolgedessen muß Wasser in Dampfform an die Luft übergehen. Da Temperaturgleichheit besteht, kann die erforderliche Verdampfungswärme nur dem Wasser selbst entnommen werden, die Wassertemperatur muß also sinken. Sobald aber eine Temperaturdifferenz besteht, findet ein Übergang von Wärme aus der Luft an das Wasser statt, der mit größer werdender Temperaturdifferenz steigt. Es muß sich also mit der Zeit ein Beharrungszustand ergeben.

Sobald dieser Beharrungszustand eingetreten ist, muß die ganze Verdampfungswärme der Luft entzogen werden. Wäre dies nicht oder nicht restlos der Fall, dann müßte sich eine weitere Abkühlung des Wassers ergeben. Dies widerspricht aber der Voraussetzung des Beharrungszustandes, denn solange die Wassertemperatur sinkt, ist der Beharrungszustand noch nicht eingetreten.

Auch im Beharrungszustand muß ein weiterer Übergang von Wasserdampf an die Luft stattfinden, und zwar so lange, bis die ganze zur Verfügung stehende Luft mit Wasserdampf gesättigt ist. Denn vorher besteht immer noch eine Differenz in den Teildrücken.

Solange ein Stoffübergang, also ein Verdunsten von Wasser, stattfindet, vergrößert sich der Wassergehalt der Luft. Es sei der Fall betrachtet, daß die Vergrößerung $dx$ beträgt. Eine etwa dadurch eintretende Veränderung des Wärmeinhaltes der Luft ist dann gleich $di$. Es war vorher festgestellt worden, daß die Verdampfungswärme ausschließlich und restlos von der Luft übertragen wird; wenn mit $r$ die Verdampfungswärme je 1 kg Wasser von $t°$ C bezeichnet wird, ist dieser von der Luft abgegebene Betrag $dx \cdot r$. Vom Wasser an die Luft geht dagegen der Wärmeinhalt von $dx$ kg Wasserdampf über, also $dx \cdot i_W$, wobei auch hier $i_W = \lambda$ gesetzt werde. Dann ergibt sich

$$di = dx \cdot i_W - dx \cdot r = dx\,(r + t) - dx \cdot r,$$
$$di = dx \cdot r + dx \cdot t - dx \cdot r = dx \cdot t,$$
$$\frac{di}{dx} = t. \tag{77}$$

Die Zustandsänderung stellt sich also als eine Befeuchtung dar, bei der der $D$-Wert gleich der Wassertemperatur ist.

Im Beharrungszustand muß in der Grenzschicht an der Wasseroberfläche die Temperatur des Wassers und der zu dieser gehörige Sättigungsdruck herrschen. Wäre keine Temperaturgleichheit vorhanden, so würden außer der für die Wasserverdampfung benötigten Wärme noch weitere Wärmemengen übergehen, was aber der Voraussetzung des Beharrungszustandes widerspräche.

Die Temperatur in der Grenzschicht, also auch die Wassertemperatur, ergibt sich nach der angeführten Ableitung als Sättigungstemperatur, wenn mit der gegebenen Luftmenge eine solche Zustandsänderung durchgeführt wird, daß $D = \dfrac{di}{dx} = t_s$ ist. Diese Bedingung wird von einer und nur einer Temperatur erfüllt. Sie muß tiefer liegen als die Lufttemperatur, da sich bei Befeuchtung mit Wasser stets eine Abkühlung ergibt; sie heißt die „Kühlgrenze" $t_k$, da sie die tiefste Temperatur darstellt, bis zu der Wasser mit nicht gesättigter Luft von einem gegebenen Zustand abgekühlt werden kann. Die Kühlgrenze ist allein durch den Luftzustand bestimmt.

In den $i$-$x$-Fluchtentafeln ergibt sich für die Kühlgrenze eine sehr einfache Darstellung.

Die Definition des Begriffes „Kühlgrenze" zeigt schon, daß diese in den Tafeln nur durch Probieren ermittelt werden kann. Es muß eine Temperatur angenommen und für diese festgestellt werden, ob die gegebenen Bedingungen erfüllt sind. Bei der Schätzung dieser Temperatur ist zugrunde zu legen, daß sie stets geringer ist als die Temperatur der ungesättigten Luft und um so niedriger je geringer deren relative Feuchtigkeit ist.

Wenn angenommen wird, daß für einen Luftzustand $(t_1, x_1)$ die Kühlgrenze $t_k$ bereits richtig bestimmt sei (Abb. 19), dann müssen sich in einem Punkte schneiden:
1. die Zustandsflucht,
2. die Linie $D = t_k$,
3. die Kühlgrenzflucht für $t_k$, die den Zustand der Grenzschicht darstellt,

denn es muß, wie schon festgestellt worden ist, in der Grenzschicht an der Wasseroberfläche bei der Temperatur $t_k$ Sättigung herrschen; dieser Luftzustand geht aus dem gegebenen durch Befeuchtung mit Wasser von der Temperatur $t_k$ hervor. Hieraus ergibt sich, daß sich die drei genannten Linien in einem Punkte schneiden müssen. Beim Gesamtdruck $h = 760$ mm QS wird die Kühlgrenzflucht durch Verbinden der entsprechenden Punkte auf der $t$- und auf der $(t_s)$-Leiter festgelegt, für andere Drücke ist zu $t_k$ der Wert $x_s$ aus der $\varphi$-Tafel zu ermitteln und auf der $x$-Leiter aufzutragen. Der so gefundene Punkt wird mit dem Punkt $t_k$ auf der $t$-Leiter verbunden.

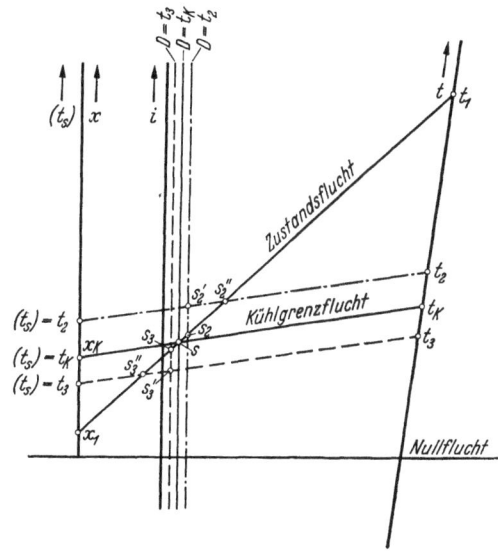

Abb. 19. Die Kühlgrenze $t_k$.

Wenn die Temperatur $t_k$ nicht richtig gewählt wurde, ergibt sich nicht ein Schnittpunkt $S$ bei dieser Konstruktion, sondern es ergeben sich drei Schnittpunkte. War die angenommene Temperatur zu hoch, z. B. gleich $t_2$, so wird die falsch angenommene Kühlgrenzflucht für $t_2$ von der Linie $D = t_2$ in $S_2'$ und von der Zustandsflucht in $S_2''$ geschnitten. Die Linie $D = t_2$ hat mit der Zustandsflucht den Punkt $S_2$ gemeinsam. Entsprechendes gilt, wenn die Kühlgrenztemperatur zu niedrig angenommen wurde, z. B. $t_3$; es ergeben sich dann die drei Punkte $S_3'$, $S_3''$ und $S_3$. Nur dann, wenn sich ein Schnittpunkt ergibt, ist die Kühlgrenztemperatur richtig angenommen worden.

Es liegt die Vermutung nahe, daß diese Konstruktion durch Probieren schwierig durchführbar und ungenau sei. Dies ist jedoch nicht der Fall. Es ist in der Tafel 1 ohne weiteres möglich, die Kühlgrenze auf $0{,}1°$ C genau zu bestimmen.

**Beispiel 17.** Wo liegt die Kühlgrenze $t_k$ für feuchte Luft von $t = 25{,}0°$ C, $x = 0{,}010$ kg/kg, $h = 760$ mm QS? Tafel 1: $t_k = 18{,}0°$ C.

Bei der Herleitung des Begriffes „Kühlgrenze" war vorausgesetzt worden, daß die Luft an der Wasseroberfläche mit beträchtlicher Geschwindigkeit vorbeistreicht. Wenn dies nicht der Fall ist, müssen noch weitere Eigenschaften Berücksichtigung finden. Es ist schon gezeigt worden, daß sich beim Befeuchten von nicht gesättigter Luft mit Wasser eine Vergrößerung des spezifischen Gewichtes ergibt. Die befeuchtete Luft hat also das Bestreben, nach unten zu sinken, und zwar um so mehr, je feuchter sie wird. Es muß sich also über einer horizontalen Wasseroberfläche eine Schichtung der Luft ausbilden, so daß der Wasserdampf in die Schichten geringerer Feuchtigkeit nur durch Diffusion gelangen kann. Anders wäre es, wenn das spezifische Gewicht sich nicht vergrößern, sondern verringern würde; dann müßte über jeder Wasserfläche ein aufsteigender Luftstrom zustande kommen, wodurch eine Luftbewegung eingeleitet würde, die einen Stoffaustausch durch Fortführung (Konvektion) bedingen würde. So wird aber durch die Verdunstung keine Luftströmung hervorgerufen, sondern im Gegenteil bei einer horizontalen feuchten Fläche, z. B. einer Wasserfläche der Stabilitätszustand sogar noch verstärkt. Dem Wasserdampfübergang steht daher der erhebliche Diffusionswiderstand entgegen, der bewirkt, daß eine Verdunstung nicht in dem Maße zustande kommt, wie sie der herrschenden Druckdifferenz eigentlich entsprechen müßte. Die Folge davon kann nur sein, daß die Kühlgrenze nicht erreicht wird, so daß die Grenztemperatur im Beharrungszustand stets über der Kühlgrenze liegen muß. Dies gilt bis zum gewissen Grade auch für feuchte, nicht horizontale Flächen (z. B. feuchtes Thermometer, das nicht belüftet wird). An diesen tritt zwar eine Abwärtsbewegung der Luft ein; solange die Strömung aber noch geordnet (laminar) ist, spielt der Diffusionswiderstand eine wesentliche Rolle, so daß auch in diesem Falle die Kühlgrenze nicht ganz erreicht werden kann. Beobachtungen haben ergeben, daß bei Luftgeschwindigkeiten von mehr als 2,5 ... 3 m/s stets damit zu rechnen ist, daß eine Abkühlung des Wassers auf die Kühlgrenze tatsächlich eintritt.

Bildet man die Differenz zwischen der Lufttemperatur $t$ und der Kühlgrenze $t_k$, so ergibt dieser Ausdruck

$$\varkappa = t - t_k \tag{78}$$

ein Maß dafür, welche Wasserdampfmengen die Luft aufnehmen kann und welche Wärmemengen sie dafür abgibt, also ein Maß für die Trockenfähigkeit der Luft. Die Größe $\varkappa$ heißt daher „Trockenkraft".

**Beispiel 18.** Für den Luftzustand des Beispieles 17 ist die Trockenkraft

$$\varkappa = t - t_k = 25{,}0 - 18{,}0 = 7{,}0° \text{ C}.$$

Handelt es sich bei diesen Vorgängen nicht um Wasser, sondern um Eis, so muß natürlich auch hier der Wärmeinhalt des Eises nach Gl. (68) berücksichtigt werden, außerdem sind die Dampfdrücke über Eis maßgebend. Da diese sehr gering sind, ergeben sich dementsprechend geringe Differenzen in den Teildrücken, so daß auch die Verdunstung sehr gering ist. Außerdem ist aber zu berücksichtigen, daß von der Luft nicht nur die Verdampfungswärme, sondern auch noch die Schmelzwärme übertragen werden muß und daß für die Übertragung sehr geringe Temperaturdifferenzen zur Verfügung stehen. Es ergibt sich also, daß die Verdunstung von Eis oder Schnee nur außerordentlich gering sein kann. Prinzipiell gilt aber gleiches wie für das Verdunsten von Wasser.

Bei den bisher betrachteten Verdunstungsvorgängen fand stets nur eine Wärmezufuhr aus der Luft an das Wasser statt. Es sind aber auch solche denkbar, bei denen dem Wasser bzw. dem feuchten Gut Wärme von einer anderen Wärmequelle, z. B. durch Beheizung, zugeführt wird. Hierbei muß sich eine höhere Temperatur als die Kühlgrenztemperatur einstellen.

Es sei angenommen, daß bei einem Austauschvorgang die Kühlgrenze bereits erreicht sei und daß jetzt eine Beheizung des Wassers beginne. Der Unterschied in den Teildrücken wird hierdurch nicht verändert, die verdunstende Menge wird also nicht vergrößert oder verkleinert. Solange das Wasser noch die Temperatur des Kühlgrenzzustandes hat, ist auch der Wärmeübergang unverändert, so daß die von außen zugeführte Wärmemenge überschüssig zur Verfügung steht. Hierdurch muß aber zwangsläufig eine Erhöhung der Wassertemperatur eintreten. Ein Beharrungszustand ergibt sich erst dann wieder, wenn bei höherer Wassertemperatur infolge des geringeren Temperaturunterschieds zwischen Wasser und Außenluft die übergehende Wärmemenge sich um soviel vermindert hat, wie Wärme von außen zugeführt wird.

Wenn $Q$ die stündlich zugeführte Wärmemenge in kcal/h und $W$ das stündlich verdunstete Wasser in kg/h bedeutet, so ergibt sich nach Eintritt des Beharrungszustandes eine Wärmeinhaltserhöhung $di$ der Luft bei einer Wasseraufnahme $dx$

$$di = dx \cdot i_W - dx \left(r - \frac{Q}{W}\right)$$

$$\frac{di}{dx} = i_W - r + \frac{Q}{W}. \tag{77a}$$

Ist die dem Wasser zugeführte Wärme

$$\frac{Q}{W} = r, \tag{79}$$

so erfolgt keine Wärmeabgabe der Luft an das Wasser mehr, die Wassertemperatur muß also gleich der Temperatur der ungesättigten Luft sein. Die Größe $W$ ist dabei von der für die Verdunstung zur Verfügung stehenden Wasseroberfläche, von dem Zustand der Luft und von ihrem Strömungszustand abhängig.

Wird die zugeführte Wärmemenge so groß, daß hiervon nicht nur die Verdampfungswärme des Wassers gedeckt werden kann, so muß sich eine Wassertemperatur einstellen, die höher als die Temperatur der ungesättigten Luft ist, es findet dann außer dem Stoffübergang noch ein Wärmeübergang an die Luft statt.

Diese Vorgänge spielen eine Rolle z. B. bei Walzentrocknern, da bei diesen durch die Beheizung der Walze eine Wärmezufuhr an das Trockengut stattfindet.

Ähnlich sind die Verhältnisse in den Verdunstungskühlwerken. Von den vorhergehenden Fällen unterscheiden sie sich jedoch grundsätzlich dadurch, daß keine unveränderliche Wassertemperatur vorliegt, wie es bei den bisher behandelten Vorgängen der Fall war. Die Temperatur des Wassers verringert sich erheblich, was ja gerade die Aufgabe des Verdunstungskühlwerks ist.

Kühlwässer, die in Kondensationsanlagen u. ä. Wärme aufgenommen haben, werden in den Verdunstungskühlwerken durch Luft zurückgekühlt. Sie rieseln zu diesem Zwecke in einem Schacht über Einbauten mit möglichst großer Oberfläche oder sie werden durch Streudüsen fein verteilt. Dabei kommen sie mit der Luft in Berührung, die meist im Gegenstrom zum Wasser strömt.

Von der dem Kühlwerk mit einer Temperatur $t_e°$ C zufließenden Wassermenge $W$ kg/h verdunstet ein kleiner Teil $W_0$ kg/h; das übrige Kühlwasser verläßt das Kühlwerk mit der Temperatur $t_a°$ C. Die Temperaturerniedrigung des Wassers erfolgt dadurch, daß durch Leitung und Fortführung (Konvektion) Wärme vom Wasser an die Luft übergeht und daß außerdem ein Teil des Wassers verdunstet. Die Verdunstungswärme wird dem Wasser entnommen. Die der Luft zugeführte Wärmemenge $di$ beträgt

$$di = W_0 t_e + (W - W_0) \cdot (t_e - t_a) = W \cdot (t_e - t_a) + W_0 t_a, \tag{80}$$

und die Vergrößerung des Wassergehalts $dx$ der Luft beträgt

$$dx = W_0. \tag{81}$$

Durch Division der Gl. (80) durch $W_0$ und Einsetzen der Gl. (81) ergibt sich für die Zustandsänderung der Luft

$$\frac{W}{W_0} \cdot (t_e - t_a) + t_a = \frac{di}{W_0} = \frac{di}{dx} = D: \tag{82}$$

Es zeigt sich, daß sich aus den Werten $W$, $W_0$, $t_e$ und $t_a$ der $D$-Wert errechnen läßt, so daß für die Darstellung der Zustandsänderung, die die Luft im Verdunstungskühlwerk erfährt, die $i$-$x$-Fluchtentafel verwendet werden kann.

## 9. Zustandsänderungen durch Adsorptionsmittel.

Bei den zuletzt behandelten Zustandsänderungen hatte sich immer eine Erhöhung des Wassergehaltes $x$ der feuchten Luft ergeben. Eine Verminderung des Wassergehalts $x$ dagegen tritt u. U. bei Abkühlungsvorgängen ein, wie schon gezeigt worden ist. Es ist aber auch möglich, eine Verminderung des Wassergehalts bei gleichzeitiger Wärmezufuhr durchzuführen (Fall 3 in der Zahlentafel 3).

Bringt man in die feuchte Luft Adsorptionsmittel hinein, beispielsweise Silica-Gel, so verringert sich der Wassergehalt der Luft, es findet ein Übergang von Wasserdampf bzw. Wasser an das Adsorptionsmittel statt. Hierbei werden beträchtliche Wärmemengen frei, die von der Luft aufgenommen werden.

Auch diese Zustandsänderungen lassen sich in der $i$-$x$-Tafel verfolgen, wenn der stets negative $D$-Wert bekannt ist.

Von den in Zahlentafel 3 näher bezeichneten Zustandsänderungen bleibt nur noch der Fall 8 zu erörtern. Eine solche Zustandsänderung ist denkbar, wenn hygroskopische Körper mit feuchter Luft in Berührung kommen und keine Wärmemengen frei werden.

## 10. Das Nebelgebiet.

Ist bei einem Luftzustand der Wassergehalt größer als der Sättigungswassergehalt bei gleicher Temperatur (Nebelgebiet), so kann die überschüssige Menge $x_f = x - x_s$ nur in flüssigem oder festem Zustande bestehen; sie kann nur gleiche Temperatur wie die übrige Luftmenge haben, die sich im Sättigungszustand befindet. Im Nebelgebiet oberhalb des Schmelzpunktes ist der Wärmeinhalt

$$i = i_s + i_f = i_s + x_f \cdot t_s. \tag{83}$$

Die Zeiger $s$ und $f$ kennzeichnen den Sättigungszustand und Wasser.

Durch Differenzieren der Gl. (83) erhält man

$$\frac{di}{dx} = t_s. \tag{84}$$

Das ist die Gleichung für die Zustandsänderung bei gleichbleibender Temperatur im Nebelgebiet. Mit dieser Gleichung ist eine einfache Darstellung in der $i$-$x$-Tafel möglich. Im feuchten Gebiet muß sich jede Zustandsänderung bei gleicher Temperatur als eine Drehung um einen Punkt derjenigen $D$-Linie darstellen (Abb. 20), deren Zahlenwert gleich dieser Temperatur ist. Das heißt aber, daß für das Nebelgebiet die $t$-Leiter nicht gilt. Der genannte Drehpunkt ergibt sich als Schnittpunkt der Sättigungsflucht für gleiche Temperatur mit der Linie $D = t_s$. Zur Darstellung irgendeines Nebelzustands verbindet man den Schnittpunkt mit dem Punkt $x = x_s + x_f$ auf der $x$-Leiter. Der Punkt $x_s + x_f$ muß stets oberhalb des Punktes $x_s$ liegen.

Ist ein Zustand $(t, x)$ gegeben, von dem unbekannt ist, ob er im Nebelgebiet liegt oder nicht, so ist zuerst diese Angabe aus der Lage des zugehörigen Zustandspunkts auf der $x$-Leiter zu ermitteln. Hierzu ist nur festzustellen, wie groß der Sättigungswassergehalt $x_s$ bei der Temperatur $t_s = t$ ist. Für den Gesamtdruck 760 mm QS kann diese Angabe an der $(t_s)$- bzw. $x$-Leiter abgelesen werden, für andere

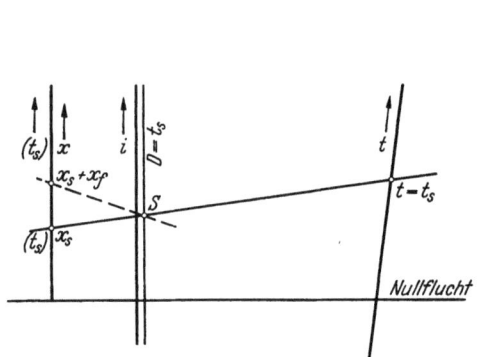

Abb. 20. Verwendung der $i$-$x$-Tafel für übersättigte Luft.  Abb. 21. Ermittlung des spezifischen Volumens $v$ und des spezifischen Gewichts $\gamma$ für übersättigte Luft.

Drücke ist $x_s$ aus der $\varphi$-Tafel zu ermitteln (vgl. Abb. 13, Flucht $p$—$q$—$r$). Nur dann, wenn $x_s$ kleiner als $x$ ist, liegt Übersättigung, u. U. also Nebelbildung vor.

Gleiches gilt auch für das Eis-Nebelgebiet; hier vermindert sich aber der Gesamtwärmeinhalt noch um die Schmelzwärme des Eises.

Auch die $\gamma$-Tafel ist für das feuchte Gebiet brauchbar. Das Volumen feuchter Luft im Nebelzustand ist um das Volumen der Wassertröpfchen größer als das Sättigungsvolumen. Das Volumen der Tropfen ist jedoch außerordentlich klein — stets kleiner als 0,1 vH des Gesamtvolumens —, so daß es vernachlässigt werden darf. In der $\gamma$-Tafel ist zuerst in bekannter Weise das Sättigungsvolumen zu bestimmen (Punkt 5 in Abb. 21). Dieser Punkt ist mit dem tatsächlich vorhandenen Wassergehalt $x = x_s + x_f$ zu verbinden (2′), nicht etwa mit $x_s$ (2). Diese Flucht zeigt auf der $v$- bzw. $\gamma$-Leiter das spezifische Volumen und das spezifische Gewicht der übersättigten Luft an (Punkt 6′).

## 11. Hilfskonstruktion bei fehlender $D$-Linie.

In einzelnen Fällen kann es vorkommen, daß die $D$-Linie für eine Zustandsänderung oder der Schnittpunkt zweier Fluchten außerhalb der Tafel liegt. Dies ist in der Tafel 1 der Fall für die $D$-Werte 700 ... 1050 und bei der Tafel 2 für die $D$-Werte 860 ... 1300. Steht jedoch an beiden Seiten der Tafeln genügend Zeichenfläche zur Verfügung, so daß der in der Tafel vorhandene Maßstab für die $D$-Werte nach beiden Seiten um die am Fuße der Tafeln angegebenen Werte verlängert werden kann, so sind nur noch die $D$-Linien 758 ... 855 bzw. 942 ... 1074 unerreichbar. Dies ist ein verhältnismäßig kleiner Bereich, der außerdem bei einer Reihe von Zustandsänderungen nicht vorkommt, z. B. bei den reinen Verdunstungsvorgängen, bei fast allen Abkühlungsvorgängen, und ferner beim Zumischen von Wasser, Schnee und im allgemeinen auch von Wasserdampf zur Luft.

In den wenigen Fällen, in denen die $D$-Linie unerreichbar ist, kann eine Hilfskonstruktion angewandt werden. Bei der Mischung zweier Luftmengen beispielsweise ist es nicht unbedingt erforderlich, den Schnittpunkt der Fluchten tatsächlich aufzusuchen. Aus den Gl. (62b) und (63b) lassen sich Wärmeinhalt und Wassergehalt des Mischungszustands in einfacher Weise errechnen, so daß die Flucht gezeichnet werden kann. Diese Konstruktion ist immer wesentlich einfacher als die rein rechnerische Ermittlung, da bei dieser die Schwierigkeiten bei der Bestimmung der Temperatur liegen. Die Temperatur läßt sich aber aus der $i$-$x$-Tafel sofort ablesen, sobald die Flucht gezeichnet ist. In anderen Fällen wird sich ein für das Aufzeichnen der gesuchten Flucht notwendiger Wert aus der Gl. (52) errechnen lassen.

## F. Vergleich mit den gebräuchlichen Netztafeln und Benutzung der Fluchtentafeln neben diesen.

Bei den vorliegenden Fluchtentafeln können die im Anfang aufgestellten Forderungen als erfüllt angesehen werden: die Tafeln sind für alle praktisch vorkommenden Gesamtdrücke $h$ ohne Vernachlässigung zu verwenden, sie ermöglichen bei jedem Druck eine einfache Ermittlung der relativen Feuchtigkeit $\varphi$ ohne Zwischenrechnung. Für 760 mm QS sind noch besondere Vereinfachungen angegeben. Außerdem sind in den $\gamma$-Tafeln das Volumen $V$, das spezifische Volumen $v$ und das spezifische Gewicht $\gamma$ für alle Luftzustände einschließlich des Nebelgebietes leicht zu ermitteln, was bisher immer auf rechnerischem Wege erfolgen mußte.

In einer Netztafel ist jeder Veränderlichen eine Geraden- oder Kurvenschar zugeordnet, in der Fluchtentafel dagegen nur eine einzige bezifferte Leiter, die von den anderen räumlich getrennt liegt. Ganz abgesehen davon, daß in jeder Netztafel aus Gründen der Übersichtlichkeit nur eine beschränkte Anzahl von Geraden- oder Kurvenscharen dargestellt werden kann, ist auch die Interpolation auf einer Leiter einfacher als zwischen je zwei Kurven. Aus diesem Grunde dürften sich bei der Benutzung von Fluchtentafeln weniger Fehlerquellen ergeben als bei der Verwendung von Netztafeln. Außerdem lassen sich nur in Fluchtentafeln an einer Leiter zwei Veränderliche auftragen, wie dies beispielsweise mit $v$ und $\gamma$ geschehen ist.

Es sei noch bemerkt, daß in der Fluchtentafel bei der Benutzung der $D$-Linien keine Parallelverschiebung erforderlich ist und daß für kleine Wärmeinhalte, also beim Einspritzen von Wasser in Luft oder bei Verdunstungsvorgängen der Wärmeinhalt des Wassers ohne Schwierigkeit berücksichtigt werden kann.

Die Eigenart der Fluchtentafeln bedingt allerdings einige Maßnahmen, die bei den Netztafeln nicht oder nicht in gleichem Maße beachtet zu werden brauchen. Es ist stets erforderlich, daß die Fluchtentafel auf eine ebene Unterlage gelegt wird, damit keine falschen Ablesungen entstehen. Es ist auch nicht angängig, ein beliebiges Teilstück der Fluchtentafel für sich zu gebrauchen, wie es bei den Netztafeln möglich ist. Wenn also eine Fluchtentafel, bei der sich wegen ihrer Größe das Falten nicht vermeiden läßt, in den Falzkanten zerreißt, ist sie unbrauchbar, was ja allerdings meistens auch bei den Netztafeln der Fall sein wird, aber nicht mit zwingender Notwendigkeit sein muß.

Zu bemerken ist, daß die $\varphi$-Tafeln und die $\gamma$-Tafeln unabhängig von den $i$-$x$-Fluchtentafeln benutzt werden können, sie sind daher auch neben den Netztafeln, also als Ergänzung der Mollier-$i$-$x$-Tafeln zu verwenden, ganz gleichgültig, für welchen Gesamtdruck $h$ diese gelten, ob für 760 oder für 735,5 mm QS.

Ebenso ist es möglich, die $\varphi$-Tafeln und die $\gamma$-Tafeln als Ergänzung der von Bošnjaković entworfenen $x$-$s$-Netztafeln [10] zu gebrauchen.

## G. Fluchtentafeln für allgemeine Fälle.

Wenn in der vorliegenden Arbeit lediglich Fluchtentafeln für feuchte Luft betrachtet wurden, so geschah das nicht, weil nur hierfür solche Tafeln darstellbar seien, sondern, weil dies ein wichtiges Anwendungsgebiet ist.

Es ist aber prinzipiell auch möglich, für eine Reihe anderer Zweistoffgemische Fluchtentafeln zu entwerfen, wenn die erforderlichen Stoffwerte bekannt sind. Allerdings wird der Entwurf von Fluchtentafeln nicht ausnahmslos möglich sein, da sich nicht sämtliche Gleichungen durch Fluchtentafeln darstellen lassen.

## H. Zusammenfassung.

Es werden neue Darstellungen in Form von Fluchtentafeln für die für feuchte Luft geltenden Beziehungen unter Berücksichtigung der neuesten Forschungen bei der Wahl der Stoffwerte entworfen. In diesen Tafeln lassen sich alle Zustandsgrößen der feuchten Luft zeichnerisch ermitteln, es lassen sich auch alle Zustandsänderungen verfolgen. Diese werden einzeln besprochen und durch Zahlenbeispiele erläutert.

# Literaturverzeichnis.

## A. Feuchte Luft.

### a) Bücher.

1. Gröber, Prof. Dr.-Ing. H.: H. Rietschels Leitfaden der Heiz- und Lüftungstechnik. Berlin: Julius Springer 1930.
2. Grubenmann, Dr.-Ing. M.: $i$-$x$-Tafeln feuchter Luft. Berlin: Julius Springer 1926.
3. Hirsch, Dipl.-Ing. M.: Die Trockentechnik, 2. Aufl. Berlin: Julius Springer 1932.
4. Hütte: Des Ingenieurs Taschenbuch, 26. Aufl. Berlin: Wilhelm Ernst & Sohn.
5. Koeniger, Prof. Dr.-Ing. W. und Dr. W. Hammer: Die künstliche Grünfuttertrocknung. RKTL-Schriften, Heft 25. Berlin: Beuth-Verlag 1931.
6. Landolt-Börnstein: Physikalisch-Chemische Tabellen, 5. Aufl. Berlin: Julius Springer 1923 ... 1931.
7. Linge, Dr.-Ing. K.: Die Beherrschung des Luftzustandes in gekühlten Räumen. Beiheft zur Z. für die ges. Kälte-Ind., Reihe 2, Heft 7, Berlin: Gesellschaft für Kältewesen m. b. H. 1933.
8. Mollier, Prof. Dr. R.: Das $i$-$x$-Diagramm für Dampfluftgemische, in: Festschrift Prof. Dr. A. Stodola zum 70. Geburtstag, herausgeg. von E. Honegger. Zürich und Leipzig: Arell Füssli 1929.
9. Schüle, Prof. Dipl.-Ing. W.: Technische Thermodynamik, 5. Aufl. Berlin: Julius Springer 1930.

### b) Zeitschriften.

10. Bošnjaković, Dr.-Ing. F.: Zustandsänderungen feuchter Luft. Forsch. Bd. 4 (1933) S. 280.
11. Hirsch, Dipl.-Ing. M.: Die Abkühlung feuchter Luft. Gesundh.-Ing. 49. Jg. (1926) S. 376.
12. Höhn, E.: Beitrag zur Theorie des Trocknens und Dörrens. Z. VDI Bd. 63 (1919) S. 821.
13. Huber, Dr.-Ing. Joseph: Zustandsänderungen feuchter Luft in zeichnerischer Darstellung. Z. bayer. Revis.-Ver. 28. Jg. (1924) S. 79.
14. Justi, E.: Spezifische Wärme technischer Gase und Dämpfe bei höheren Temperaturen. Forsch. Bd. 5 (1934) S. 130.
15. Koeniger, Prof. Dr.-Ing. W.: Die Klimaanlage. Z. VDI Bd. 77 (1933) S. 989.
16. Merkel, Dr.-Ing. F.: Beitrag zur Thermodynamik des Trocknens. Z. VDI Bd. 67 (1923) S. 81.
17. —, Die Berechnung der Verdunstungsvorgänge auf Grund neuerer Forschungen. Sparwirtsch., Z. wirtsch. Betr. Wien (1928) S. 312.
18. Mollier, Prof. Dr. R.: Ein neues Diagramm für Dampfluftgemische. Z. VDI Bd. 67 (1923) S. 869.
19. — Das $i$-$x$-Diagramm für Dampfluftgemische. Z. VDI Bd. 73 (1929) S. 1009.
20. Mueller, jr., Otto H.: Rückkühlwerke. Z. VDI Bd. 49 (1905) S. 5.
21. Reyscher, Karl: Verbund-Stufentrockner. Z. VDI Bd. 62 (1918) S. 501.
22. Schüle, Prof. Dipl.-Ing. W.: Über den Wärmeinhalt der feuchten Luft. Z. VDI Bd. 63 (1919) S. 682.

## B. Fluchtentafeln.

23. Konorski, B. M.: Die Grundlagen der Nomographie. Berlin: Julius Springer 1923.
24. Lacmann, Otto: Die Herstellung gezeichneter Rechentafeln. Berlin: Julius Springer 1923.
25. Luckey, Paul: Nomographie. Mathematisch-Physikalische Bibliothek, Bd. 59/60, 2. Aufl. Berlin und Leipzig: B. G. Teubner 1927.
26. Pirani, Prof. Dr. M.: Graphische Darstellung in Wissenschaft und Technik. Sammlung Göschen Nr. 728, 2. Aufl. besorgt durch Dr. I. Runge. Berlin und Leipzig: Walter de Gruyter & Co. 1931.
27. Schwerdt, H.: Lehrbuch der Nomographie. Berlin: Julius Springer 1924.
28. — Graphisches Rechnen. RKW-Veröff. Nr. 23, 2. Aufl. Berlin: Beuth-Verlag 1928.
29. Werkmeister, Prof. Dr.-Ing. P.: Das Entwerfen von graphischen Rechentafeln (Nomographie). Berlin: Julius Springer 1923.

MIX
Papier aus verantwortungsvollen Quellen
Paper from responsible sources
FSC® C105338

If you have any concerns about our products,
you can contact us on
**ProductSafety@springernature.com**

In case Publisher is established outside the EU,
the EU authorized representative is:
**Springer Nature Customer Service Center GmbH
Europaplatz 3, 69115 Heidelberg, Germany**

Printed by Libri Plureos GmbH
in Hamburg, Germany